用点心 1

中国点心太棒了

主编 李舒

U0176498

中信出版集团｜北京

图书在版编目（CIP）数据

　　用点心 .1，中国点心太棒了 / 李舒编 . —北京：
中信出版社，2022.5
　　ISBN 978-7-5217-4093-6

　　Ⅰ . ①用… Ⅱ . ①李… Ⅲ . ①面点－食谱－中国
Ⅳ . ① TS972.132

　　中国版本图书馆 CIP 数据核字 (2022) 第 040240 号

用点心 .1，中国点心太棒了
主编：　李舒
出版发行：中信出版集团股份有限公司
　　　　（北京市朝阳区惠新东街甲 4 号富盛大厦 2 座　邮编　100029 ）
承印者：　浙江新华数码印务有限公司

开本：787mm×1092mm　1/16　　　　印张：8　　　　字数：194 千字
版次：2022 年 5 月第 1 版　　　　　印次：2022 年 5 月第 1 次印刷
书号：ISBN 978–7–5217–4093–6
定价：68.00 元

CONTENTS 目录

Sè:
用点色!!

Xíng:
用点形!!

用点艺!!

用点味!!

《用点心》是一本这样的 mook，
它可以是一只点心，可以是一顿饭，
可以是诞生点心的一座城市，
也可以是一个人，一种态度，一言以蔽之，围绕点心的所有，
都是我们的兴趣所在。

凡事多用点心，一点点就可以

李舒

这是《用点心》和你的第一次见面。

我第一次听到"用点心"这个词，是小时候跟着妈妈去别人家做客，似乎是第一次做客，妈妈交代了很多规矩，到了人家家里不要东张西望，要记得叫人，要是阿姨请你用点心，不要吃太多，拿一块就好。我问，为什么只能拿一块？妈妈讲，点心点心，就是点点心意，吃多了，晚上晚饭吃不下去。我含混地点着头，心情着实雀跃，不是因为点心，是因为可以穿妈妈新做的背带裙。果不其然，坐下不久，主人端上一碗红枣炒米水潽蛋，又打开整整齐齐摆着奶糖金币巧克力的粉色攒盒，温温柔柔地对我讲，请用点心吧。我想起妈妈说的，规规矩矩拿了一块巧克力，可是妈妈没说吃水潽蛋怎么办，于是拿调羹喝了一口汤，放下了。主人问，妹妹怎么吃这么少？水潽蛋要趁热吃。我老老实实讲，妈妈讲，吃下去等会儿晚饭吃不下。大家哄堂大笑。

长大之后去京都出差，朋友带我去某花道教室送之前报道的报纸素材。教室的老师年近五十了，说一口软糯的京都腔，听起来酥到骨子里，和我小时候初次做客人家的阿姨很像。坐了一会儿，主人问，要不要再用些点心？我正不知道怎么回答，想点头，身边在京都住了几十年的朋友赶紧拉住我，对主人说，不了不了，我们下次再来打扰。出门才知道，我们并不算特别拜访，是顺道坐坐，这种情况下，当主人家请用点心的时候，其实是一种婉约的"你可以走了"的意思，"更直接的是说'你要不要吃茶泡饭'？这些京都人，就是这样九曲心肠"。没想到，异国他乡的"用点心"，差一点让我又闹了笑话。

做事方面要"用点心"，又是另一种解释。在工作场合，倘若有人和你说，"你要用点心"，这多半是一种善意的提醒，或是委婉的批评，因为这句话一出，恰恰说明，自己在某些方面"不够用心"。我年轻时被公司的前辈这样讲过，惭愧了半天。

渐渐的，到了这样说别人的年纪，却对于这三个字，有了另一重理解。在反对内卷的今天，"用点心"似乎是一种恰到好处，不糊弄不应付，但也不过度操心，工作上用点心，凡事多为别人想一点，遇事多谦让一点，替人多考虑一点，总没有坏处。换言之，在很多时候，问题并不像我们想象得那么复杂，只要我们凡事多用点心，也许就能把每件事情都做好，大踏步地迈向彼岸。

在我的童年概念里，"用点心"的点心似乎包罗万象，糕点面条馄饨包子蒸饺，哪怕是水果，只要不是吃饭时间吃的，都可以用来当点心。《用点心》也是一本这样的mook，它可以是一只点心，可以是一顿饭，可以是诞生点心的一座城市，也可以是一个人，一种态度，一言以蔽之，围绕点心的所有，都是我们的兴趣所在。

不过，既然是第一期，还是要有初心的气势。我们的主题叫"中国点心太棒了！"为什么叫这个主题，源自一个担心，曾几何时，国内的点心似乎越来越"和风化"，样子越来越小，颜色越来越鲜艳，真正的中式点心却慢慢失去了市场。在严格控糖的现代人眼里，似乎只有颜值才能让他们多看一眼，再看一眼。可是，中式点心是多么迷人、多么有生命力、多么有消费认知基础的食物啊。1972年10月，在新疆阿斯塔纳古墓群，考古人员发现的陶碗里盛放着各式保存十分完好的点心。这些点心造型华美，有圆形、三角形，有的甚至有着宝相花纹，距今至少已有1000多年。而今天，当我们来到洛阳街头，吃着金麻枣、甜咸饼等"老八件"时，我们大概想不到，这些点心，恰恰是几百年前的古人流传下来的。从这个角度看，点心也是另一种唐诗，另一种宋词，另一种元曲，在那些香甜的碎屑中，我们感受到的，是传承千年的文化。

做好准备了吗？请用点心吧！

中国人就该吃中国点心

作者 李舒 插画 黄依婕 摄影 李佳鸾

我在七八岁时就知道了"巴甫洛夫效应"这个词，实验的对象是我自己，令我如同小狗一样流下口水的，是外婆屋子里面的一只钟。并不是什么名牌钟表，矮墩墩地放在五斗橱上，到半点，敲一下；到整点，敲三下，和许多人家里的并没有什么两样。但我坚持对大人们说，到三点半的时候，敲的那一下会特别悠远，特别绵长，带着一点余韵，敲到人的心里去，魂灵头荡过来，荡过去，和那根钟摆一样。这一刻，我失去了听觉，而脑子里涌现出一个念头，像一块小小的发酵面团，慢慢膨胀、缓缓变形，最终有时候变成一块双酿团，有时候变成一碟蜜三刀，有时候是两只撒着白芝麻绿葱花的生煎包，有时候是一客在酒酿汤里浮浮沉沉的黑洋酥汤团……

三点半的钟声，是唤醒心底对于点心的渴望，并不是一种饥饿，而只是一种念想，这种念想直接来源于嘴巴，仿佛心和嘴巴直接通了一个电话，唾液不争气地分泌出来，啊，这是属于点心的时间，雷打不动，哪怕是世界末日，嘴巴里也要含着一块小小的苔条麻花，从脆含到发软，含到天荒地老。

较之小时候的囫囵吞枣，长大了才渐渐分辨中式和洋式点心。细细一算，在我的童年点心宇宙里，洋式点心的比重并不多，且有好几样都有西风东渐的"嫌疑"：比如蝴蝶酥和哈斗。我毫不掩饰自己对于中式点心的偏好，除了复活节的彩蛋主显日的国王饼，你能找到几个专属于节日的点心？而我们，不必说中秋的月饼端午的粽子五毒饼，连清明这样"路上行人欲断魂"的日子，都可以咬一口带着草香的青团。西式酥亮虽然美味，但显然太过于豪横；相比之下，中式白酥仿佛一个如崔莺莺那般的闺秀，默默无语凝望一眼，眼波流转，心底藏着多少脉脉柔情。

后来在京都见了和果子，琳琅满目的，每一件似乎都是艺术品，方寸之间的精致，是穿戴整齐的美人。有时路过一家百年老铺，远远地看见悬着的招牌，有种立刻冲进去买一只的时不我待，等到吃下去一口，那种单调的甜味充斥着整个口腔，你才意识到，让你产生紧张感的并不是和果子，而是大大的"节气限量"四个字。和果子的甜，须要搭配苦而涩的抹茶，在舌尖婉转，那锐利的甜似乎才稍稍平和了一些。

渐渐的，国内的点心似乎也开始"和风化"了。样子越来越小，颜色越来越多，却失去了中式点心的天真与温柔，中式点心真是百花齐放啊，但有时候也理解那些卖家，在严格控糖的现代人眼里，似乎只有颜值才能让他们多看一眼，再看一眼。随之而来的，是另一些让人不解的热搜，有人大模大样地做着和果子，却"指鹿为马"地说这其实就是唐时的"唐菓子"。看到这样的微博热搜，吓得倒吸凉气。如此这般，真正的中式点心大约也将"改头换面"，面临被"日化"的危险了。

让我们还是正本清源一下吧。

之所以把"和果子"等同于"唐菓子"，多半是因为日本对于和果子的来源，有一种说法是遣唐使带回来的。编纂于平安时代的第一本汉日词典《倭名类聚抄》中，记载了七种"唐菓子"：梅枝（ばいし）、桃枝（とうし）、餲餬（かつこ）、黏臍（でんせい）、饆饠（ひちら）、䭔子（ついし）、团喜（だんき）。这其中的"饆饠"也写作"毕罗"，唐朝人增编的字典《玉篇》收录有"毕罗"条目，前者说："毕罗，饼属。"这应当是一种内有馅能蒸而食之和烤而食之的馅饼，据说来自波斯，当时长安的长兴坊有胡人开的饆饠店，最著名的馅料当属樱桃，但显然，这是一种面点。如果我们去看一看阿斯塔纳唐墓真正的"唐饼"，会发现更接近于中国现代的酥皮点心和油炸面果子。

当然，由于保存至今的文献资料和文物原

件,使得我们能看到的唐代糕点实在太少,但我们可以从和果子的原料中分析得出,唐代的点心绝不可能是和果子这样。

来自季羡林老先生的研究,他在《唐太宗与摩揭陀——唐代印度制糖术传入中国问题》一文中曾经考证,印度最早制造出了砂糖(sarkara),传到了全世界;而中国提高了制糖术,并在唐太宗年间重新输入了印度。因此印度印地语中称白糖为cīnī(意思为"中国的")。但值得注意的是,这里的"白糖",颜色并不是我们今天看到的纯白色,一直到明晚期,中国人发明了"黄泥水淋法",我们才获得了接近纯白的白糖,而在这之前,市面上流通的"白糖"实际上都是黄色的。我们现在可以看到的和果子,恰恰是明代通过贸易传播流传到日本的,其造型来源,应当是明代江南地区的点心样子。

是的,如果我们一定要在中国的历史长河上画一个点,那么明代一定算是中式点心最蓬勃发展的时期。首先,我们获得了各种杂粮,如藕粉、山药粉、莲子粉、葛粉、芡实粉、栗子粉等。这些杂粮粉使得点心的种类大大增加,宋诩的《宋氏养生部》中就有山药糕、莲药糕、芡糕、栗糕、杂果糕、绿豆粉糕、雪花饼等。除了直接用杂粮粉配制做成点心,人们也学会将杂粮经过烹饪压成泥蓉调制成点心。如"杂果糕"的做法便是"炒熟栗去壳,斤半柿饼,去蒂核,煮熟红枣,胡桃仁去皮核各一斤,莲荷末半斤,一处春碓糜烂揉匀,刀裁片子,日中晒干。有加荔枝龙眼肉各四两"。

也是在明代,糕点形状开始越发丰富,元宝形的定胜糕、叶子形的芙蓉叶、菱角形的玉菱白,这些各不相同的面点造型,有的小巧,有的玲珑。宋元时期的糕饼,基本上包馅后直接进行水煮、油炸或笼蒸;进入明代,市面上出现了大量可以压制成型的"印模",这大大加速了糕点的传播流通。《宋氏养生部》和《遵生八笺》中记载了大量的印模面点,比如蜜和饼、蜜酥饼、松黄饼、蒲黄饼、雪花饼等,都有"入脱脱之"(放入模子中压一下再脱出)和"范为饼"(在木模上制成饼)的字样。所以,流传至今的中秋节特供月饼,是在明代被发明出来的。

明代的酥皮技术,也可用"突飞猛进"四个字来形容。明代的油酥面饼已经突破了过去的单酥、混酥的制作方法,用油酥面和水油面两块面皮擀制之后叠层包馅,这样做出来的酥饼由过去无层次的酥香转变为层次分明的酥松,这种技术成为中式酥皮的里程碑。《金瓶梅》里多次提到的"顶皮酥玫瑰饼",清人《养小录》中记录了做法:用七分水、三分油与白面相和,作为"外层";不加水,纯以糖、油和面,作为"内层"。然后把内层面团与外层面团叠放在一

起,反复折叠、擀开,"多遍则层多"。这和我们当代的千层酥技术已经难分伯仲了。

我的日本朋友典子说,和果子的甜,是用来中和抹茶的涩的。换言之,和果子是用来配茶的点心。在中国,中式点心却不仅仅是茶食,当然,在江南地区,"茶食"和"点心"这两个词语会被混淆使用,考证清代乾嘉以来江南一带民众风俗的《土风录》里就有这样的记载:"干点心曰茶食,见宇文懋《昭金志》:'婿先期拜门,以酒馔往,酒三行,进大软脂小软脂,如中国寒具,又进蜜糕,人各一盘,曰茶食。'"宇文懋是宋朝人,宋朝的茶宴是有名的,《梦粱录》中记载了这样的茶坊见闻:"凡点索茶食,大要及时。如欲

速饱,先重后轻。兼之食次名件甚多,姑以述于后:曰百味羹、锦丝头羹……更有供未尽名件,随时索唤,应手供造品尝,不致阙典。又有托盘檐架至酒肆中。歌叫买卖者,如炙鸡、八焙鸡、红鸡……荤素点心包儿、旋炙儿……更有干果子,如锦荔、木弹……"这其中的佐茶点心,似乎不止我们今天所熟知的糕点,扩大到干鲜果品、汤羹,甚至烧烤。

但中国的点心不仅仅是用来佐茶的,唐人的《幻异志·板桥三娘子》里有这样一段:"三娘子先起点灯,置新作烧饼于食床上,与诸客点心。"宋人吴曾撰的《能改斋漫录》也说:"世俗例以早晨小食为'点心',自唐时已有此语。按唐郑傪为江淮留后,家人备夫人晨馔,夫人顾其弟曰:'治妆未毕,我未及餐,尔且可点心。'其弟举瓯已罄。俄而女仆请饭库钥匙,备夫人点心,惨诉曰:'适已给了,何得又请?'"点心的"点",是点到为止,是点点心意,是恰到好处,我喜欢这样的中式点心,隐藏着中国人的待客之道和做人哲学,过犹不及,就要带一点意犹未尽。

中国人吃中国点心,挺好的。

作者／冀翔　插画／黄依婕
图片／视觉中国

点心与正餐严明的分野，一直影响着南方。

周作人曾在《南北的点心》中讲过他的母亲，

在老人眼里，只有大米饭才能叫"饭"，

其余的馄饨、汤面，与糕点一样，都属于点心。

南方的点心，似乎就依照了这种又严苛又宽松的古训：

绝不可与正餐混为一谈，但除了大米饭，

吃什么大概都可以的。

同样的古训在北方也存在过，

但从什么时候开始，北方人的点心便专指糕饼了呢？

北方人脑子微微一转，就能给你来段儿《报点心名》：驴打滚、艾窝窝、槽子糕、蜜麻花、萨其马、糖火烧、牛舌饼、核桃酥、山西闻喜煮饼、唐山蜂蜜麻糖……这还在黄河边上打转转呢。

这还不简单？只要是现成的糕点糖果，不论甜咸不分中西，都可以是正餐之外充饥的点心——作为一个北方人，我确实抱着这个定义活了二十多年。

去了南方，人们对点心的定义噎了我一顿。在上海，辣肉面、素菜包、小笼馒头与虾仁小馄饨，一起在点心店里出售。在广州，云吞面、鸡球大包甚至糯米鸡，也可以叫点心。在我这个北方人眼里，这些都是主食，当作点心真的没问题吗？

后来，我还在程乃珊老师的书中，读到过上海人的待客习俗：他们款待客人的"点心"，可以是高脚玻璃盘里的鸭胗肝，也可以是一碗现做的糖水潽蛋，或是一盘"矮脚青"小油菜炒的年糕。

这已经连糕饼都不是，根本就是菜了，怎么能算作点心呢！

每当我对此表现出惊诧，南方朋友对我这种惊诧的惊诧也不会小。好像在他们眼里，天下不是白米饭的东西，或是不跟白米饭一起吃的东西，无论碳水含量多少，都可以作点心的，天经地义——那么，一根炸鸡腿算不算点心？一卷煎饼卷大葱算不算点心？方便面、火锅算不算点心？

我当然没有把这种抬杠运动付诸实践，不是怕费力伤感情，而是我心里也发虚。因为，书中确实有很多例证在跟我讲：你吃的点心，真的不只是你以为的点心。

01 有一种制度叫作点心

我第一次对"点心"的定义产生怀疑,其实是小时候第一次读《水浒传》。第二十八回,武松杀嫂祭兄刀斩西门庆,刺配河南孟州安平寨之后,小管营金眼彪施恩为了拉拢他,对这位服刑人员狂打糖衣炮弹:

众人说犹未了,只见一个军人,托着一个盒子入来,问道:"哪个是新配来的武都头?"武松答道:"我便是,有甚么话说?"那人答道:"管营叫送点心在这里。"武松看时,一大旋酒,一盘肉,一盘子面,又是一大碗汁。

有酒有肉,有面有汤,这个能叫点心?虽然就武二郎的饭量而言,这点东西确实只够当点心的。

然而,后来读《儒林外史》,一段发生在山东汶上县的情节,更让我惊掉下巴:老童生周进,被一群乡绅请来当私塾先生,设宴款待,最后"厨下捧出汤点来,一大盘实心馒头,一盘油煎的扛子火烧"。

这画面对山东人来说,已经恐怖到了超现实的地步。且不说以山东大馒头的体积,用来当点心有多雄伟,那个"扛子火烧",大概是山东威海、潍坊等地常吃的一种"杠子头火烧",香是一绝,硬也是一绝,敲一下声如柏木,坚逾金砖,泡羊肉汤当饭吃吃可以,作为零食点心,未免可怕了一点。

然而,我们由此可以确定的是,在中国古代,至少在早至元末、晚至清中期这段时间,中国人对点心的定义是广泛的,绝不只是甜点糕饼。

那么点心最早的定义到底是什么呢?还得往更早去找。

关于"点心"二字,目前能查到的最早记载在唐代。在孙思邈的《千金翼方》中,这位"药王爷"两次提到过点心,一次是讲"食后将息":"平旦点心饭讫,即自以热手摩腹。出门庭行五六十步,消息之。"另一次是讲"养性":"鸡鸣时起,就卧中导引,导引讫,栉漱即巾。巾后正坐,量时候寒温吃点心饭若粥等。"

由此可见,这里的点心,指的是一种早点性质的食品。而点心与饭、粥并列,说明它是与粥饭不同的另一种食物。

这倒跟武二郎的饮食习惯有相似之处——上文提到的《水浒传》里,施恩给武松送食物,有四次具体描写,但只有刚刚提到的那顿面明说是"点心",后一次是"摆下几般菜蔬,又是一大旋酒,一大盘煎肉,一碗鱼羹,一大碗饭",另一次则是"取出菜蔬下饭,一大碗肉汤,一大碗饭",这两顿文中明确说是"饭"。有米饭的叫饭,没米饭的叫点心,哪怕牛肉醇酒也是点心。

而南宋吴曾《能改斋漫录》里,记载了一起唐代家庭乌

龙事件,则对古人的"点心"下了另一种明确定义:

"世俗例以早晨小食为'点心',自唐时已有此语。按唐郑修为江淮留后,家人备夫人晨馔,夫人顾其弟曰:'治妆未毕,我未及餐,尔且可点心。'其弟举瓯已罄。俄而女仆请饭库钥匙,备夫人点心,惨诉曰:'适已给了,何得又请?'"

弟弟来看姐姐,正赶上一大早姐姐还在梳妆,做好的点心在一边没来及吃,姐姐心疼娘家人,就让弟弟先吃了垫垫肚子,然后找丈夫要饭库钥匙,再搞一顿点心自己吃。丈夫不知道这事,皱了眉头:刚吃了又要?夫人甲亢啦?

从这位丈夫的反应来看,那年头的点心,可不是随便

吃吃的东西。要吃点心,得有时有晌,不能像今天一样随时随地,而且可能有定量,不够还得再去库房另拿。加上这位姐姐还有半句话"尔且可点心",这里的点心,明显是作动词解的。

所以,这段资料很可能表明,古人早期的"点心",对食用场合、进食时段、每日食用次数,都有明确的规定。

也就是说,"点心"不仅是一种食物,更是一种特别的独立餐制,就跟我们的早餐、午餐、晚餐是一样的。

这一种制度,在后世确实存在。中国过去一度盛行过一日两餐制,在没有夜生活的时代或场合,人们日出而作,日落而息,睡眠很早,于是便不设午饭,只有早上一顿丰盛的早饭,和一顿吃得很早,日落之前便开的晚饭。不过在早饭之前,还另有一顿早点,便是一顿点心,不算在正餐之内。

看了"膳底档"的记载,发现清朝皇帝,早点和早膳是分开吃的。乾隆的早点,往往是一盅冰糖炖燕窝,光绪则吃过油盐火烧、元宵和窝头。再过一小时,皇帝才在中南海正式开早膳,那是一顿炒菜、炖肉、火锅,乃至烤鸭、炉猪俱备的正餐,但主食一般是"老米膳"(也就是米饭)和粳米粥。接下来没有午膳,而是下午三点前的一顿"晚膳",天黑后再饿,可以吃点心。

后来的奉系军阀张作霖,每天也这么吃。他在帅府的习惯,也是起床后先喝一碗加鸡汤熬的燕菜粥,一小时后那顿早饭,依他的爱好,是些炖土豆、炖白菜、鸡肉鹿肉狍子肉、鸡蛋酱和大米饭之类,那就是另一回事了。

今天,这种习惯在中国人新的作息下,已经近乎无存,但留下了一道印记,便是现代汉语中"早点"和"早饭"两个不同词语。只是今人不解其意,往往以为二词完全是一个意思。

而点心与正餐严明的分野,一直影响着南方。民国时的绍兴作家周作人,就曾在《南北的点心》中讲过他的母亲,生病时吃不下大米饭,便叫家里随便煮些馄饨和面充饥,可这么吃了几天,老太太还是抱怨吃不下饭——在老人眼里,只有大米饭才能叫"饭",其余的馄饨、汤面,与糕点一样,都属于点心。

于是南方的点心,似乎就依照了这种又严苛又宽松的古训:绝不可与正餐混为一谈,但除了大米饭,吃什么大概都可以的。

可是,同样的古训在北方也存在过,为什么北方人对点心的定义,后来便成了糕饼呢?北京的乾隆帝、辽宁的张作霖,他们曾经雷打不动的饮食习惯,为什么一点遗迹也没留下?

说到这儿,咱们先看一段太平歌词。

02 有一种点心叫作饽饽

那烧麦出征丧了残生，
有肉饼回营他勾来了救兵。
那锅盔儿挂了这元帅的令，那发面的火烧
为那前部的先锋。
那吊炉的烧饼他将够了十万，那荞麦饼催
粮押着后营。
那红盔炮响惊动了天地，
他不多时来置在了馒头城。
……
那槽子糕坐骑着一匹萨其的马，黄杠子饽
饽拿在了手中。
那鼓盖儿打得是如同爆豆，
那有缸炉重锁是响连声。

这是民国时流行于京津的太平歌词《饽饽阵》的一部分。留下过录音的相声演员，有那位红颜薄命的吉文贞（艺名荷花女）、常宝华大师的父亲常连安，当然郭德纲老师也演唱过。

虽然不同演员的版本细节有差别，但大致都是讲一群饽饽爆发恶战，战斗场面十分震撼，个个掉渣儿、满地流馅儿。

里头出现的"饽饽"，除了烧饼、馒头、锅饼、肉火烧等主食，还有花糕、蜂糕、核桃酥、江米条、太师饼、蜜麻花一些点心零食之类。

饽饽，在北方点心界是个博大的词语。它包含了一切饭粥面条之外的主食和糕点，不论甜咸——过去北京人还管水饺叫煮饽饽。

说起它的流行，很多人觉得是在清朝，因为清宫戏里没少提饽饽，过去北京也常有"满汉饽饽铺"。于是，也流传出一种说法，说"饽饽"是满语音译，其实不一定—— 一是满语里没有表这个意思的词语，二是明代关内就有了关于饽饽的记载。

不过，饽饽确实在清朝非常之盛行，而且花样丰富，不仅差不多成了北方点心的代名词。而构成了今天北方，尤其是北京点心最重要的形态。

首要的原因，自然是"南人吃米，北人吃面"——北方盛产小麦，饮食偏重面食，点心自然也从面粉上找。但另一个原因，确实是清朝人对饽饽喜爱非常。

这大概还跟清朝皇族的热爱有关。本来，在关外的满族人就对糕饼类食品情有独钟，马背上的民族，出于游牧、行猎、战争需要，对价廉耐饥、干燥耐贮的"户外野战干粮"存在刚需。结合当地的气候和物产，不仅奶香浓郁、质地干松的白糕、七星典子成了首选，像萨其马、勒特条这种经过油炸，多奶又高糖的食品，一开始就是当作"营养棒"来制作的，效用约等于今天的压缩饼干。

独特的饮食习惯，铸就了饽饽在满族人心中的独特地位，它成了不同阶层统一采用的节庆供品，加上慎终追远不忘本的思想，逢年过节、婚丧嫁娶，给先人的供桌上总少不了饽饽。后来清朝入主中原，这一习惯自然带入了关内。就像压缩饼干成了今天超市里随处可见的零嘴儿一样，当年的"野战干粮"，自然也在刀枪入库、马放南山

后"军转民"，成了老百姓的点心食粮。

　　随着满族人在各个阶层带来的影响，整个北方都对饽饽有了偏爱。这种饽饽情结在数百年间，变得根深蒂固、牢不可破，彻底铸成了北京人，乃至北方不少地区后来的点心审美——这个东西最好是顶饱的糕饼或糖果，最好不带汤不带水，就是干的，甜的最好，咸的也成，最好还耐放，随时随地都能吃……今天的北京稻香村也好，哈尔滨老鼎丰也好，大家对中式点心的看法，差不多都一样了。

　　不过，这也需要一个过程。因为一段时间内，汤汤水水在北方还是可以算作点心的。曾有人记载清末北京的茶馆："这些茶社，茶叶碧螺、龙井、武彝、香片，客有所命，弥不如欲。佐以瓜粒糖豆，干果小碟，细剥轻嚼，情味俱适。而鸡肉饺、糖油包、炸春卷、水晶糕、一品山花、汤馄饨、三鲜面等，客如见索，亦咄嗟立办。"

　　饽饽彻底独霸北方点心的地位，也有时代的外因——因为适合拿汤汤水水当点心的时代，最终也在北方消失了。

　　我们试想一下，拿馄饨汤面作点心，最好最合适的地方在哪里？茶馆。一是因为有厨房，可以现做现吃；二是因为常泡在茶馆的人们有钱有闲，不似饭馆客店，大家随口吃一顿匆匆赶路，饭比点心更重要。

　　然而，随着20世纪上半叶，茶馆最重要的顾客群，也是茶馆文化的重要缔造者士大夫阶层逐渐消亡，传统茶馆的生存环境不复存在，走向衰落，许多茶馆要么关门，要么转型。老舍先生在《茶馆》里，就对这一情景有所记录：王掌柜的裕泰茶馆，到北洋年间已经改了西式茶座，不再为茶客供应饭食，"烂肉面"也成了历史名词，原本吃得起点心的松二爷、常四爷，一个常打饥荒，一个成了

菜贩。莫说他们吃不起点心，就算吃得起，茶馆也不再供应了。

　　何况，那个年代不允许你在北方茶馆慢悠悠吃点心：军阀混战、抗战军兴，连年的兵荒马乱，让大茶馆小饭铺成了高危行业，严重的物资紧缺和通货膨胀，也令点心制作的成本越来越高——谁还顾得上汤汤水水，能吃上点瓷实管饱的饽饽，就不错了。

　　社会阶层和社会风气，也由此起了变化，更让"点心"与"饭"的分野，失去了存在的土壤。庞大的劳动阶层，没有一顿早点、一顿早饭这么讲究的条件和习惯，早起一套煎饼果子、大饼油条，以点当饭十分普遍。一日三餐制渐渐全面风行，连同西式糕点带来的食俗，也改变了点心的存在方式。

　　大概是在这样的潮流下，糕点成了今日北方点心的代名词，南与北对"点心"的定义，逐渐有了一道鸿沟，大家偶尔隔着沟面对面互相嘲讽，南人嗤笑北点粗陋，北人则不解南人以饭当点，持续到今天。

　　可是，在鸿沟的两岸，南北点心又各自蓬勃发展，形成了无数派别，千家百味，各异其趣。多少年后，又有一代代年轻人，望着鸿沟对岸的点心，从好奇到渴望，索性搁置争议，一同举筷，中华点心，又是一场天下大同。

　　何况比起争议，总有更高一层的，超出点心爱好者理解范围的存在。1982年，成都出版的一本《川式糕点》食谱，记载了一种"辣椒蜜饯"，是把川人须臾不可离的红辣椒掏空，以糖浆熬制，再撒上川白糖，据说色泽晶莹透亮，食之甘甜微辣。不知在华北和江南人看来，它应该是糕点、是糖果，还是一道小菜呢？

　　比起这样胡思乱想，我更想拈一颗尝尝。

 LI  JIN  TU  WO

关于吃点心de圆桌访谈

金小姐是上海人，突突是北京人，所以我们首先来讲一讲，大家对于点心的认知是什么？

北方人觉得点心的重点在于"点"，就是不抗饿，随便"垫吧"。南方人觉得点心的重点在于"心"，要精致小巧。

不能配米饭的都是点心。

北方吃点心就是为了开胃，算是前菜。

周作人说，他妈每天即便点心吃了很多，饭也得吃。

我们很少吃点心，没地儿吃零食。

但我最喜欢的北方点心是牛舌饼。

牛舌饼没人不喜欢的吧。

我没吃过哎。

我喜欢枣泥酥，北方的枣泥馅点心都好吃。

我觉得枣泥的口感比豆沙高级，枣泥有更复杂的口感，豆沙就是个傻白甜。

有一年从北京买了稻香村回去，被批判了。

作者/福桃编辑部
插画/黄依婕

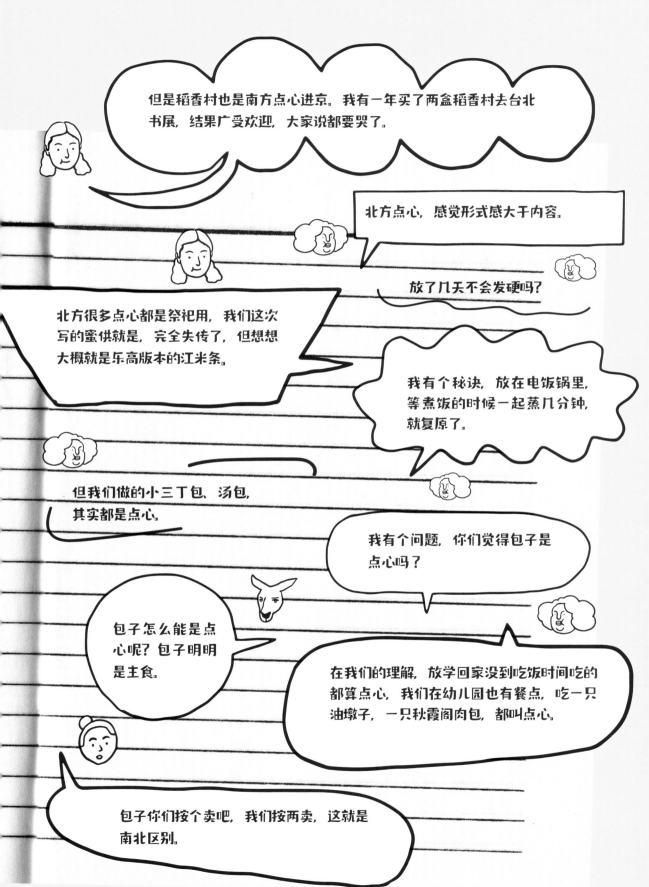

但是稻香村也是南方点心进京。我有一年买了两盒稻香村去台北书展，结果广受欢迎，大家说都要哭了。

北方点心，感觉形式感大于内容。

放了几天不会发硬吗？

北方很多点心都是祭祀用，我们这次写的蜜供就是，完全失传了，但想想大概就是乐高版本的江米条。

我有个秘诀，放在电饭锅里，等煮饭的时候一起蒸几分钟，就复原了。

但我们做的小三丁包、汤包，其实都是点心。

我有个问题，你们觉得包子是点心吗？

包子怎么能是点心呢？包子明明是主食。

在我们的理解，放学回家没到吃饭时间吃的都算点心，我们在幼儿园也有餐点，吃一只油墩子，一只秋霞阁肉包，都叫点心。

包子你们按个卖吧，我们按两卖，这就是南北区别。

江米条

我是最讨厌吃云片糕了，
就会粘在上颚上，
感觉很像墙皮。

○○○○○○你难道吃过墙皮吗？

小学的时候，
同桌拿着一块墙皮跟我说这是糕，
我咬了一口……所以我知道它们俩味道差不多。

张爱玲有讲，吃云片糕是用舔的，
所以吃到最后，云片糕都变成了一张白纸，
那种感觉很不好。

云片糕

青团

我小时候考试前都吃定胜糕！

100

生煎

南北点心心理学

作者 / 余晶 摄影 / 李佳蓉

论点 1：
吃点心是为了补充营养
解读：凡事皆有缘由！

"为什么我们必须得在下午吃些点心呢？那是为了补充营养。人肚子饿的时候，就说明营养跟不上了，但如果恰巧还没赶上饭点该怎么办呢？那就得把点心安排上。点心，其实就是三餐饭之间的补充。当你想吃的时候，吃下去的东西才对身体有用，尤其是老人小孩都最好吃一口点心。至于吃什么嘛，干湿咸淡其实都可以，手边有什么就可以吃什么，但必须是小份，好消化好吸收——最重要的还是回到那一句，这是为了补充营养。"

论点 2：
只有懂经的人才能吃到好点心
解读：没有品位，活该被抛弃！

"哪里的哪种点心好吃，每个南方人心里都有自己的一本账的。哪怕是平平无奇的一碗粥一块糕一份豆花，用的什么汤底，用的什么糖，是不是加了虾皮……这些都是讲究，都是大事儿。如果你看不出其中的门道，那当然就会被一些华而不实的表面迷惑，体会不到真正的好坏咯。这种时候怎么办？那也没办法，你就只能比别人吃次一等的。凡事皆有门道，不去研究就没办法进步，不要问为什么，自己好好体会学习去吧。"

论点 3：
想吃就吃的就叫点心
解读：存在即合理，
不合理也要让它变合理！

"其实我们南方人觉得，点心应当吃什么，应当什么时候吃，都没有定论的。比如你可以在下午喝点茶吃点瓜子当点心，也可以用各种小点心代替早中晚饭。即便是小孩子贪嘴吃很多点心，大人嘴上说少吃点，其实也不会真正制止的。即便是糖尿病人，都有权利吃点心呢！我们不是早就研发了木糖醇点心吗？在我们南方，店家基本上都是抱着做正餐的心意去做点心的，所以归根结底，吃到肚里的只要是好东西，叫什么名字有什么重要的呢？"

首先声明，本篇在南北地域划分上并不严谨，依据的只是普遍地理认知。但在与各类"南方人"和"北方人"八卦了点心的话题后，我们发现恰巧可以从这里切入，一窥我国南北方人民不同的风俗、习惯以及微妙的心理活动。以下是来自南北方代表的主要论点：

【 北方代表 】

论点1：
最好吃的点心是从主食里"偷"出来的
解读：朴素才是真理！

论点2：
点心好不好吃不重要，好不好看才重要
解读：有了排面儿，再谈其他！

"我们小时候认知的点心，都是从饺子包子这类主食里'偷'出来的。包饺子或者包子的时候，如果肉馅用完了还剩一些面皮，我们就会包白糖进去，这就是小时候吃得最多的点心。至于油条麻花这些，对我们来说也不能算点心，是米面的一部分，米面才是一切食物的基础。点心不就是吃个闲食吗？好好吃饭才是正经事，吃饭才是压倒一切的事情吧。"

"真的细究起来，我们北方最需要点心的就是逢年过节了，会特意买一些糕点放着看，端进端出几个来回。所以我们的点心一讲究色彩斑斓，二追求香味扑鼻，就算热一下，也还吃着不差。我们还有一个推荐吃法，拿点心就着土豆炖豆角或者蘸红烧肉汤吃。另外在明代，我们北方就有青花做的大点心盘子，专门用于供奉的；还有专门装嫁娶点心的器皿，那叫一个美不胜收——其实光能起到烘托气氛这一个作用，就已经很了不起了呀。"

论点3：
点心点心，点到即止
解读：做人做事都要讲规矩，喧宾夺主可不行！

"作为北方人我们真的认为，点心的最大作用是让人对下一餐饭产生期待，有一点儿开胃的作用就成了。否则你要是吃多了，那就过头儿了。我们从小就被教育只有正餐才是最有营养的，才会让我们健康成长。小孩子从小就得按点吃饭，不在正餐时间吃的那都不是正经食物，吃多了就会影响吃饭的胃口，对身体当然不好。什么？下午饿了？那还用问吗？那只能说明正餐吃得不够多啊！"

SEASON

江南点心时刻表

2022

01 一月 January

腊八节当然要喝腊八粥，大米糯米各种米，红豆黄豆各种豆加花生白果各种干果，熬出一大锅，吃的是这一年满满的丰收，热闹的场景仿佛就在面前。

02 二月 February

立春时节吃春卷，清朝苏州文士顾禄在《清嘉录》中说：「春前一月，市上已插标供买春饼，居人相馈贶。」这个春饼呢，其实就是春卷。春天来了要「咬春」，荠菜做馅，炸得香脆，一口吃到春天。

07 七月 July

小暑时节吃绿豆糕，分有馅料和没馅料的，口感细腻清凉，没有馅料的绿豆糕比较清新，唇齿间都是绿豆香气；有馅料的，种类也很丰富，玫瑰、豆沙、枣泥馅儿，小巧别致，拖在油纸里。

08 八月 August

立秋要吃桂花鸡头米，最是江南秋八月，鸡头米赛蚌珠圆。刚剥好的鸡头米，颗粒浑圆饱满，外观莹润柔香。鸡头米软嫩有清香，熬成糖水，撒上桂花，江南的秋天就从一碗桂花鸡头米开始了。

作者/ 何钰　插画/李洋

宜　摸鱼 干饭　　忌　开会 加班

江南美食，讲究
「不时不食」，
点心也有点心的
时令，
每个时刻都是不
容错过的。

03 三月 March

阳春三月吃酒酿饼，以酒酿发面，包入红豆沙或红糖做馅，然后在锅中烙熟，趁热吃正好。

04 四月 April

清明自然吃青团，麦叶汁水混合糯米粉做成青团子，包进细沙，用芦叶垫底蒸熟，软糯香甜。本是清明祭奠大禹的贡品，久而久之也便成了习俗。

05 五月 May

清明后端午前，吃松花团子和乌米团子。用糯米做成团子，内馅儿填上芝麻，外面铺上松花粉。

06 六月 June

夏初有松子黄千糕，使用大米制作，黄白花纹长条形，松子的清香和焦糖的甜交织，松子油润，入口松软绵密，是层次丰富的糕点。

09 九月 September

秋天的藕，如女人的臂弯，加了桂花，又有一种甜香。这时候的桂花糖藕，糯而香，浸在冰糖蜜汁当中，像一个仲秋金色的甜梦。

IO 十月 October

九九重阳节，吃重阳糕，饮菊花酒。重阳糕糕饼口感暄软，表层铺满果脯蜜饯和青红丝，还有赤豆红枣，十分丰富。

II 十一月 November

小雪时节吃雪饺，白如雪形如饺，用炒熟了的籼米磨成粉做饺子皮。雪饺的馅料有芝麻猪油、花生核桃、瓜子核桃等十余种花样，全是香甜。

I2 十二月 December

每年十月初，苏州人就开始用糯米制作冬酿酒，民间有说法「有铜钿吃一夜，呒铜钿冻一夜」，如果哪年的冬至桌上没有冬酿酒，那么这个冬天就会惶惶不安。

Sè:
用点色!!

腐朽为神奇的力量。

造无瑕，不拘米面，化平直朴素为……

"馅"字的写法,已经说明了它的诞生过程:须得以刀具在臼中细细研磨食材,再把它包裹在米面中。这个激发和扩大,被品评和探讨,乃至主宰它所驻留的这枚点心的灵魂。

作者/金晶 摄影/朱骞 庄镜澄 插画/黄依婕 图片/视觉中国 点心品牌/虎头局

tú

荼白

荼在中国古书里是一种苦菜，荼蘼花开的荼蘼也恰指白色。它在中国点心中运用广泛，因为作为主要原料的米、面、豆制品及油脂，都拥有这一基础色。这朴素的颜色也适合与其他各色搭配，点心能呈现出如此多样化的面貌，它功不可没。

百草霜

这款深色最早出现在《本草纲目》中，记录了将锅底刮下余灰熬药的过程。后来这代表了上百种草烧完之后形成的霜，沉淀了各类营养物质却又轻盈无比。而这个颜色的点心往往具有同样的特质，精致却又浓缩了营养精华。

ǒu

藕

藕丝秋半

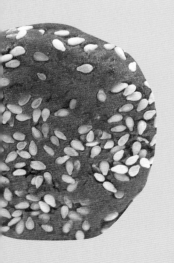

hé

荷

这是一种黯淡的浅紫，又略带粉色，在不同的光线下会有深深浅浅的变化。这种颜色低调但又足够特别，是中国人尤其偏爱的颜色。这个颜色的点心经常出现在一顿丰盛的大餐之后，以醇厚而又甜蜜的口感收拢味觉。

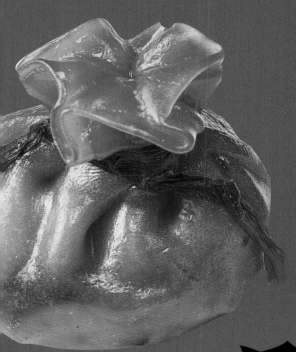

yān

胭

艳若桃李

最悠久的中国色之一，人们爱把它与雪白相配，一静一动相辅相成，充满了灵气与活力，同时又寓意着喜庆和美好的祝愿。在中国点心中，这也是最常用的颜色，不论是作为主料色泽还是点缀，它的出现都象征着吉祥。

zhī

脂

hǔ

琥

吉祥如意

pò

珀

琥珀的生成，代表着一种艰辛过后的精华凝结。而在中国古诗词中，"莫许杯深琥珀浓，未成沉醉意先融"，它是酒的颜色。无论是琥珀本身还是琥珀色的酒，都在提醒人们细细端详和品味。而琥珀色的点心常常也蕴含着丰富的食材和高超的技法。

xiāng

缃色

汉代就有这种颜色，唐代以后多见，一开始常常被用来形容丝帛，缃帙也就是浅黄色书套，亦泛指书籍和书卷。它为大众喜闻乐见，同时又是很多粮食的色泽，因而在吃食上也适用广泛。这种颜色的点心几乎贯通南北，随处可见。

在宋代的诗句中，就有"芦灰迷桂晕，梁屋掩霞朝"的悠远画面。芦灰雅致而又清幽，仿佛带有草木的香气，同时又跟自然有着千丝万缕的联系。在中国点心中，这也是一种常用的颜色，制作出来的点心也往往自带芳香。

lú

芦灰

zhí

蹢

粉若桃红

蹢躅似乎是个动作，但其实它代表着杜鹃花的颜色。唐代白居易写过"晚叶尚开红蹢躅，秋芳初结白芙蓉"，那漫山遍野的锦绣杜鹃的花色，便也就是蹢躅了。在中式点心盒里，有时会有一款大胆启用这种制作难度较高的颜色，特别适合缤纷而短暂的春日。

zhū

朱

shā

砂

来源于矿物质，在中国传统观念中
象征着至阳至刚，保人安康。是节日
点心的点睛之笔。

Shape Shape Shape Shape

Xíng:

用点形!!

点心七十二变

其实用片其实是学动物

点心是最早的形状启蒙：圆滚滚的麻团，方墩墩的绿豆糕，三角尖尖的糖三角，元宝叠叠的定胜糕……用点心开一场动物大会，让我们来揭开点心的图形秘密。

摄影/朱骞 插画/黄依婕

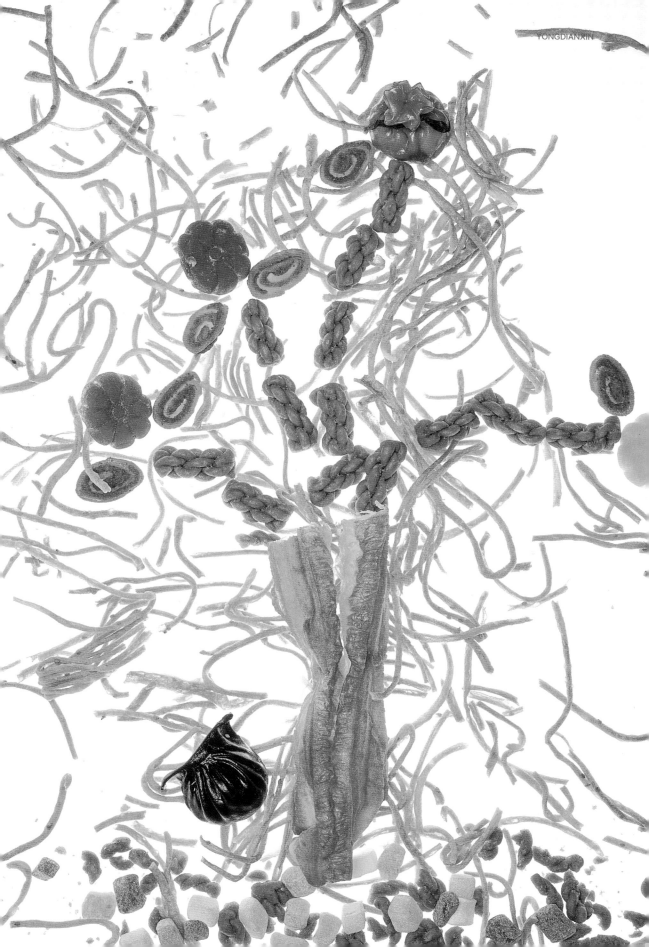

汤圆的小团圆

作者/刀刀　图片/视觉中国

判断一个苏州人的标准之一，是看他们怎么念汤圆。

是的，元宵是北方念法，汤圆算标准念法，但苏州人管它们叫"汤团"。问起家里老人原因，他们的说法是："带馅的团子，不带馅的是圆子，不能搞混的。"

一碗好吃的苏州汤圆，有几个讲究。第一个讲究，是一定要用"水磨粉"。所谓"滚元宵、搓汤圆"，北方人的元宵，传统做法是先做好果仁、豆沙、枣泥一类的馅心之后，放在铺满干糯米粉（北方人叫江米粉）的竹筛上，来回摇，馅心粘上米粉，并且越滚越圆，元宵就这样诞生了。而苏州汤圆用到的水磨粉，则是要先将糯米泡水，等糯米吸满水分后，再放入石磨中，一边加水、一边将米磨成米浆，最后再放到布袋中沥干，再用这个沥干的、但仍然粘成一团的米粉，去包馅心，最后还要用手去搓圆，这就是汤圆。

要吃好吃的汤团，要选好的糯米。苏州人有两点讲究，用本地米，用晚稻。相对于早稻来说，晚稻因为过冬，生长时间长，油性更大，更好吃。

宁波被誉为"江浙沪汤圆扛把子"，那里的朋友告诉我，糯米泡水时间越久，磨出来的水磨粉越细。这个我是认同的，好的手工黑洋酥水磨汤圆，那又白又滑的皮子，一口入魂、烫到"发指"、流心的黑洋酥（猪油芝麻），简直是"中式甜品"的巅峰。而苏州汤圆和宁波汤圆的区别，在于馅心和大小。苏州汤圆，最有名、本地人吃得最多的馅心，是鲜肉！没错，北方的朋友，在苏州，粽子有肉馅的，月饼有肉馅的，豆浆有咸的，豆腐脑也有咸的，就连汤圆，也是咸的！不止是鲜肉，我们还有荠菜肉的、萝卜丝猪油的，我甚至还吃到过菱角肉，包到汤圆里，也更增加口感。而馅心的讲究，则在于一份猪皮冻——简而言之就是把猪皮熬化了再凝结成冻，打破猪皮的分子结构，调味加热后，又会化成汤。这就是苏州小笼、汤包、生煎和汤圆爆汁的秘诀！

当然，除了鲜肉，苏州汤圆还有芝麻、花生等甜味。相传苏州曾经还流传过一种叫"水晶汤团"的"邪恶食物"，就是把一大块猪油包进汤圆里，加热后猪油融化成半透明状，犹如水晶一般，一口咬下，灌进去一包油。在物质匮乏的年代，那种味道是至宝，如今则已失传多年。

相比于宁波汤圆，苏州汤圆更大更圆，另外，我们还流传着一种叫"大汤圆"的异类——网球大小的汤圆，通常来说是鲜肉馅的，糯米下犹如塞了一颗"狮子头"。在我还在"长身体"的年代，我爸每天早上送我上学，就给我点两个大汤圆，他自己一缸茶、一碗面，吃得比我吃汤圆还快。大清早就塞下两颗大肉丸子还有那么多糯米，感觉全身供血都留给肚子去消化了，每天上早读课时候就哈欠连连。我那时候觉得，真正的勇士，是敢于吃大汤圆的！

在江浙沪地区，大家公认汤圆是宁波的好，不过，苏州人无论到了哪里，也要固执地把汤圆念成"汤团"，因为只有团团圆圆，才是我们吃汤圆的本意。

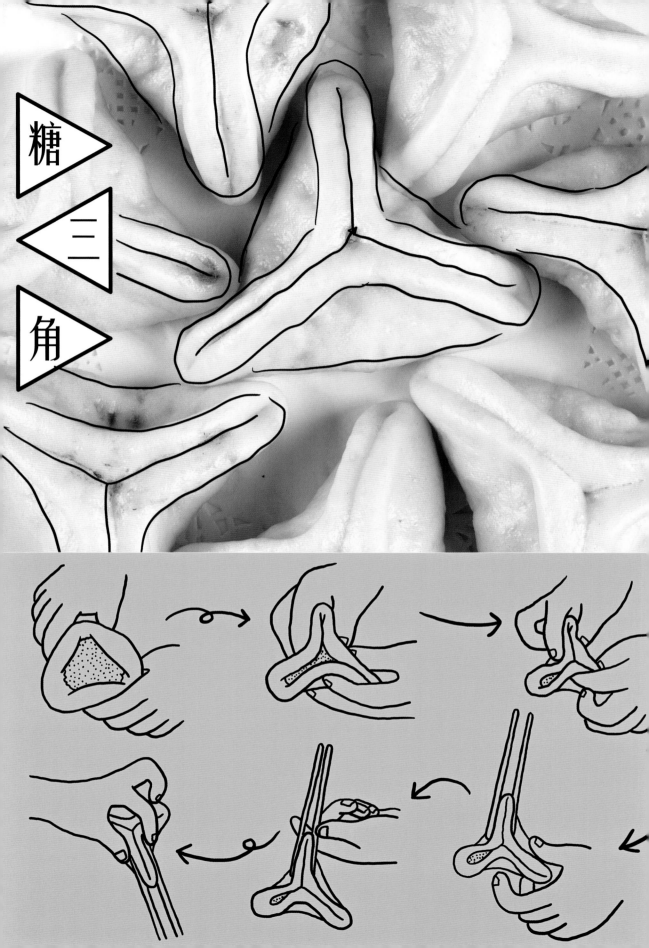

糖三角

豌豆黄

Dingshenggao

定胜糕的魔法，

文者/享舒　图片/视觉中国

　　没有比江南地区百姓更财迷的了。如同张爱玲在《半生缘》里写的那样，蛤蜊是元宝，芋艿是元宝，蛋饺也是元宝，任何和元宝相似形状的食物，都是过年的宠儿，比说一百遍"恭喜发财"来得实惠。在这样的元宝崇拜氛围下，定胜糕似乎更胜一筹，粉妆玉琢的元宝形状，刻着"定胜"两个字，器宇轩昂。

　　有哪一个江浙沪地区的孩子没有在考试这一日吃过"定胜糕"呢？我永远记得初中的某一次期末考试，考完语文之后，忽然有点天旋地转，脚底下打着旋，同桌扶我坐下，轻声问，是不是没吃早饭？我想起来走得着急，早晨确实只喝了一杯牛奶。他想了想，从抽屉里掏出一对定胜糕，分我一只。

　　冷的定胜糕味道并不算好，一入口，糯米粉的碎屑粘在口腔里，无语凝噎，而后是扑面而来的甜，感受到豆沙馅，但说来奇怪，吃了两口，刚刚还七荤八素的脑袋居然渐渐沉静下来，甜成了我人生里第一支镇静剂。我对同桌几乎感恩戴德，正欲感谢他，却见他略带懊恼地一拍脑袋："完蛋了，我妈说要吃两个才能考一百分，

现在分你一块，岂不是只能考50了？"此话一出，正咽下最后一口定胜糕的我似乎比他更为沮丧，因为他的那块"50分"尚未下肚，我这边的"50分"已经板上钉钉。一分钟之后，我的同桌成为我心目中认定的全宇宙最善良的人，因为他慷慨地将另一块定胜糕让给了我，尽管，最终我也没考成一百分，但定胜糕的魔力，我从此领教了。

　　关于定胜糕的来历，说法可谓众多。一种说，此为南宋时苏州百姓为韩世忠的韩家军出征而特制的。也有说是杭州百姓为岳飞的岳家军出征而特制的。总而言之，取的是"定胜"二字，出征一定胜利。

　　又有一种，认为"定胜"是"锭榫"的音讹。薛理勇在《点心札记》（上海文化出版社，2012年）里说："有人以为'定胜'原为'锭榫''定榫'。古代建筑材料中没有如水泥之类的黏合剂，在大型的石构建筑中，如建设石桥时，石板与石板难以固定在一起，于是在两块相连的石板上各凿出一个凹槽，再用铁浇铸成形的铸铁，嵌进去，像木制家具中的'榫'，把石板固定相连，故称'定

要吃了 才知道

椁'，其形似银锭，于是也叫作'锭椁'。"

第三种说法，是我从冯梦龙讲述的一个笑话里看到的。"定胜"原本是"锭胜"——《笑林广记》曾经记载了这样一个笑话："一蒙师见徒手持一饼。戏之曰：'我咬个月湾与你看。'既咬一口。又曰：'我再咬个定胜与你看。'徒不舍，乃以手掩之。误咬其指。乃呵曰：'没事，没事，今日不要你念书了，家中若问你，只说是狗夺饼吃，咬伤的。'"把饼子咬成了"锭胜"糕形，马三立的相声也许是从这里借鉴而去。

不管出处为何，有一件事是可以确定的，那就是"定胜糕"在明代是颇为流行的糕点，我们在《金瓶梅词话》里可以找到七八次"定胜"的身影。第六十六回里："行毕午香回来，卷棚内摆斋。黄真人前大桌面定胜，吴道官等稍加差小，其余散众俱平头桌席。"宴席中较为尊贵的黄真人吃的是定制的大桌面定胜糕，而吃到较小定胜糕的吴道官也曾经在第三十九回给我们展示了一次明代"大桌面"的菜肴点心内容："吴道官预备了一张大插桌，簋盘：定胜、高顶方糖菓品，各样托荤蒸碟、酸食素馔、点心汤饭又有四十碟碗。""簋盘"类似于攒盒，"高顶方糖"是明清时期宴席常用摆设，顾名思义，便是把方糖高高堆起，但不知道这种方糖和现代喝咖啡用的糖块是否相似。定胜糕的摆放方式，想必也和方糖一样高高垒起，层

峦叠嶂，这是属于中国古代特有的华丽餐桌。

定胜糕也不仅仅是请客华丽装饰，抗战时期，西南联大也流传着一个关于定胜糕的故事。彼时，教授们的生活一样清苦，校长梅贻琦也不例外，梅夫人韩咏华曾经在1981年撰写的《同甘共苦四十年——记我所了解的梅贻琦》中回忆起这样一件事：

教授们的月薪，（1940年后）就只够半个月用的了。不足之处，只好由夫人们去想办法，有的绣围巾，有的做帽子，也有的做一些食品，拿出去卖……由潘光旦太太在乡下磨好七成大米、三成糯米的米粉，加上白糖，和好面，用一个银锭形的木模做成糕，两三分钟蒸一块，取名"定胜糕"，由我挎着篮子，步行四十五分钟到"冠生园"寄卖。……卖糕时我穿着蓝布褂子，自称姓韩而不说姓梅，尽管如此，还是谁都知道了梅校长的夫人挎篮卖"定胜糕"的事。

"定胜糕"至今在昆明仍有售卖，但已经不知道是不是西南联大教授夫人们留下的遗风。曾有友人带我去尝了一次，很小的店面，这里的定胜糕颜色没有江南地区的娇艳，入口也没有豆沙馅料，秋风瑟瑟，揭开热气腾腾的笼屉，满目仍旧是"定胜"两个字，这是属于中国人永远的乐观与豁达。

定胜糕，我相信会一直流传下去的。

北

驴打滚 ←

蛤蟆吐蜜 →

懒龙 ←

猫耳朵

北方的动物南方的花

桂花糕

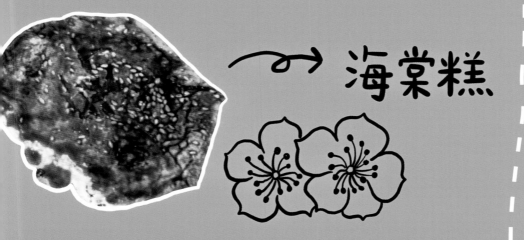

海棠糕

梅花糕

南

插画/黄依婕

蛤蟆吐蜜：

我是北京小吃，

要说知道蛤蟆吐蜜，绝不是因为从小吃到大，而是电视节目里说，这是天津非遗。偶然和同事聊起这平平无奇的点心，倒是被无情嘲笑了一番：蛤蟆吐蜜？这就是北京本地小吃啊，你居然没吃过？

就甭管是天津非遗还是北京本地小吃了，我最不理解的，是它怎么就和蛤蟆搭上边了。因为它的真身，就是豆馅儿烧饼——嗯，比普通豆沙馅儿烧饼多了一道裂开的口子，完全没看见蛤蟆的影子。搜了一下各百科，终于找到了蛤蟆：蛤蟆吐蜜得名于外形像一只蹲坐的蛤蟆。

当我手拿着一块蛤蟆吐蜜，左看右看思考良久：怎么偏偏是蛤蟆吐蜜，而不是青蛙吐蜜、貔貅吐蜜或者乌龟吐蜜？赋予这个名字的人，得是个多有想象力的人，才能用嘴里正在淌蜜

的蛤蟆来形容食物啊？但凡要是叫个金蟾衔玉，听起来都能更富贵一些。

不过说是这么说，蛤蟆吐蜜都是非遗了，背后总得有点故事。有人煞有介事地说：蛤蟆吐蜜是明朝军粮发展而来。这个说法我存疑，用常识想想都知道，军粮最基本的特点就是便携、不容易腐败。根据明代军事著作茅元仪的《武备志》记载，明朝军队食物从主食、肉类再到调味品几乎都要经过暴晒干透，才能作为军粮投入作战中使用。要是明朝士兵们真是带着这外皮是芝麻酥皮，豆沙馅儿还放了糖的蛤蟆吐蜜行军打仗啊，估计也只能吃到被磕得稀碎、还坏了的蛤蟆吐臭了。

所以由此可见这军粮一说，纯粹是编了个年代久远的故事强行贴在食物身上，想用历史镀金罢了。

前阵子看电视节目，发现了天津非遗蛤蟆吐蜜，觉得很有意思。结果身边的人全跟我说，这是北京本地小吃，多到家楼下就有好几家店卖。被质疑的我一脸懵，决定好好探究一下蛤蟆吐蜜的真实身份。

还是天津非遗？

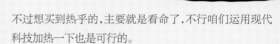

作者/月弥 摄影/月弥 插画/黄依婕

既然不是明朝军粮，那这非遗又是从何而来呢？从起名逻辑上来看，北京人民似乎特别偏好给食物起动物名字，接地气第一名。小吃摊跟动物园似的，什么驴打滚、肉龙、羊羹、猫耳朵、大虾酥，这些名字和食材与制作之间，一模一样谈不上，简直可以说是毫无关系。

但天津人民呢，也给食物起过狗不理猫不闻这样的名字，但想想天津人的眼儿，越看越感觉蛤蟆吐蜜这个自带喜感的名字和天津更搭，难道……真是天津人发明的？

我又登陆了天津市非物质文化遗产网站，找到了申报非遗的条件：至少需要满足百年历史，三代传承，且传承脉络清晰，确实有史可考。

由此说来，蛤蟆吐蜜就算不是明朝军粮，也至少有百年历史了。

兜兜转转看了半天故事，却忽略了蛤蟆吐蜜是点心这个事实。食物嘛，还是味道比较重要。

有人说，蛤蟆吐蜜的工艺就巧在这层皮上，皮薄馅儿多，还得一烤就胀裂开。抛开外形尝味道的话，饼皮很薄，豆沙馅糖放得并不多，所以吃起来不会有很甜腻的感觉——不是很甜，绝对称得上是亚洲对甜点口味的最高评价之一了。外皮上是满满的芝麻，只不过空口吃一整个的话，过于丰富的豆馅也多少会让人觉得有点噎。

从当代人的甜品标准出发，馅料太实在了有时候也不一定讨喜，蛤蟆吐蜜更像是小时候的味道，是爷爷奶奶辈会喜欢的扎实点心，不难想见它刚刚被发明时因为实诚带给人多大的好感。

吃蛤蟆吐蜜，最要紧的是热乎。趁热吃表皮会更酥脆，豆沙也会更饱满，一口下去满满当当，口感会更惊艳一些。

不过想买到热乎的，主要就是看命了，不行咱们运用现代科技加热一下也是可行的。

现在走到任何一家卖北京点心的店，总能见到蛤蟆吐蜜。但蛤蟆吐不吐蜜，又是一个玄学问题。前阵子跑了好几家店，买来的蛤蟆吐蜜三家有两家不会吐，不是说薄薄的外皮在烤制过程中会裂开适当大小的口子吐出豆沙馅儿吗？不是说这是蛤蟆吐蜜最重要的工艺吗？

如果蛤蟆吐蜜连蜜都不会吐了，那不就是纯蛤蟆了吗？其实不管蛤蟆吐蜜究竟是北京小吃还是天津小吃，也不管各家老字号谁才是正统，既然都说自己是继承祖上传承下来的传统技艺，那可不是靠着所谓的非遗和老手艺的名头就可以不思进取的。

连我一个外行人都能吃出来：能吐蜜的烧饼皮更薄馅更多，热着吃更香更好吃，这些老字号们，为何就不能想想怎么改良工艺改进服务变得更好呢？

曾几何时，全聚德、狗不理等一个个大家曾经喜爱的老手艺成功申遗时，我们还为他们开心，可是没过多久就发现，他们得到了非遗的名号后就开始躺在功劳簿上睡大觉，品控下降甚至店大欺客。

日本百年味噌品牌丸米，在保有原有风味的基础上推出了最咸的赤味噌的减盐版本，以及添加高汤版本的味噌新口味等，在技术和口味上不断去做尝试和革新，这才真正打响了老字号的口碑。

我们有着比日本更多更丰富的文化遗产，但要把这些传承下来，要把中国的老手艺老字号的招牌打响，靠的应该是工艺的传承和革新、是百年如一日的好口碑，而绝不仅仅是申请非遗那么简单。

要花糕不要花心

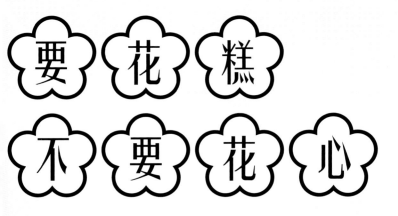

如果说北方点心是开动物园，南方点心就是一本花谱。海棠梅花桂花，各个争奇斗艳，江南点心，就要吃个花开富贵。

作者/神婆　图片/视觉中国　插画/黄依婕

　　我的好朋友"小妹姐"是苏州美食家，她说起小时候对过年的记忆，就是妈妈给糖年糕切条，裹了蛋清煎，非常香。每年农历正月初一（春节），苏州糕点圈"四大名旦"正当红，白糖（黄糖）桂花糖年糕、玫瑰薄荷猪油年糕、八宝饭、小圆子，小孩子一样都不能少。吃完，就寓意一年四季糕糕（高高）兴兴，团团圆圆，甜甜蜜蜜。

　　要说糕点，避不开的是苏州。我吃到一种"撑腰糕"，有意思，给长者吃的，糯米粉蒸的，比糖年糕瘦长。"片切年糕作短条，碧油煎出嫩黄娇。年年撑得风难摆，怪道吴娘少细腰。"说的就是二月初二的"油煎年糕"。苏州老人家买撑腰糕，一般到万福兴、黄天源等百年老店。清代的蔡云在《吴歈》中就有这样的描述："二月二日春正饶，撑腰相劝啖花糕。支持柴米凭身健，莫惜终年筋骨劳。"

　　南方点心，好像总是少不了花朵。以前的人如糕，会老实些。传统花糕，红绿冬瓜糖点缀一下，就已经够妖娆；有玫瑰、桂花、松花之类就更不得了，足以荣登花魁宝座。这两年的人气花糕，大概要算海棠糕，其实掐指一算，海棠糕可是点心中的老一辈，据说明代时在江南流行，由于用了似梅花、海棠花形的模子，做出这样的美人胚

子也就再自然不过了。刚出炉的海棠糕，表面撒着饴糖，呈咖啡色，吃口分外香甜。上面还要加上果丝、瓜仁、芝麻等五色点缀，一朵朵花儿才完全地绽放开来。

　　杭州有一个厉害的时令花糕，应该是荷花糕，据说一般专给老幼，大约有滋补方法。我买回来，上面写着食用方法是用凉开水（或直饮水）浸泡至荷花糕化开。我上锅隔水蒸，没有看见糕糊呈荷花状铺开，但反正是糊里糊涂了，只能脑补"荷塘月色"。说明书里说，荷花糕可以"根据口味，拌入肉末、鱼蓉、胡萝卜泥等即可食用"。我下了十足十牛肉的量，取名为超龄婴儿荷花糕，味道比想象中好吃一百倍！

　　后半夜饥肠辘辘时，我最为想念的，是《山家清供》里讲过的"梅花汤饼"，古籍花糕里唯一浪漫生风的，听那故事，甚至能闻到林和靖家的梅花香。"泉之紫帽山有高人，尝作此供。初浸白梅、檀香末水，和面作馄饨皮，每一叠用五出铁凿如梅花样者凿取之，候煮熟，乃过于鸡清汁内。每客止二百余花，可想一食亦不忘梅。后留玉堂元刚有和诗：'恍如孤山下，飞玉浮西湖。'"

　　想想这意境就饿得缥缈，我去楼下买一个花糕解馋要紧。远处是美，但吃为先！

Migong

曾经制霸京城的蜜供，为什么消失了？

作者/李舒　插画/黄依婕

我们只能从那些老照片上领略蜜供的辉煌。

1944年的《三六九画报》上有这样一幅漫画，漫画上两人指着一座宝塔状的物品说："两百年后的考据家见了蜜供对人说，'在我想这是一座面制的塔的雕型'！"插画作者大约不知道，根本要不了200年，距离1944年70年不到，蜜供这东西已经彻底底地销声匿迹了。

我们只能从那些老照片上领略蜜供的辉煌。是真的辉煌，那古铜面孔的中年男人当街站着，带着得意洋洋的笑，他的手里没有鸟笼，他的腕上没有手串，但拍照片的那一刻，他却是这街上最威风凛凛的主角，如托塔李天王一般——托着的不是普通的塔，而是蜜供。

什么是蜜供？《清稗类钞》里写得明明白白："所谓蜜供者，专以祀神，以油、面做夹，砌作浮图式，中空玲珑，高二三尺，五具为一堂，元旦神前必用之。"这里的"浮图"，也写作浮屠，即佛教中的宝塔。但这实际上并不属于佛教专用，道教中亦常见，北京崇文的南药王庙里的蜜供，据说名声在外，连道光皇帝吃过都称赞，这当然是庙里的营销广告。

不过，药王庙内裕顺糕点所卖的蜜供确实在民国时期供不应求，谭富英曾经在朋友家吃了，赞不绝口，让管家打电话立刻"再买半斤碎供"。药王庙的蜜供卖得好，也许还有另一层原因，据说所有蜜供做好会先供奉到药王神前，带着一点神灵护佑的味道，难怪一供难求。

既然要"砌"，首先得有原料。我们权且把蜜供称为"砖"吧，面粉里和油带水，行话称之为"吃油"。吃好油的面擀成薄皮，用毛刷轻涂红（有的不涂，据说白蜜供比红蜜供味道更好），而后叠成卷，正一刀，反一刀，切成条。

之后便是炸供，《红楼梦》里一开头，正是因为葫芦庙的和尚三月十五日炸供，"致使油锅火逸"，大火殃及甄士隐全家，这才有了著名的"葫芦僧判断葫芦案"。炸完等凉透再"蜜渍"，俗称"过浆"，便是把"砖"放进白糖、麦芽糖、蜂蜜兑桂花的糖汁里，这才算头一步的大功告成。

制作蜜供的"蜜供把式"为了让店内伙计们尽快熟悉火候油温和面技巧，会先让他们炸一两个月的麻花，谓之"生活"。"生活"做熟练，才开始做蜜供，谓之"熟活"。因为到了腊月，蜜供单子多，往往前一天炸好，第二天搭垒，一点也错不得，前两个月的炸麻花，算是沙场秋点兵的演习。

原料备好，接下来便是另一种功夫："砌"。堆砌并不比做砖容易，要鳞次栉比，又要高高耸立，有棱有角，从下往上看，要成一线天，这靠的当然是熟能生巧。据说，有些饽饽铺还专门要找瓦匠师傅们来指点帮忙。制作好的蜜供，最常见的是宝塔形，但也有万字形，自家用的蜜供大约六寸，而宫观庙宇的蜜供则更为高大，堆砌难度高，但成功一个，便成了天然的招牌。

这样的点心，在旧时是家家须得有的。到了年底，谁家不要对着灶王爷拜祭，求他老人家上天去给自己全家说两句好话？蜜供以堂为单位，一堂三个，或者五个。供尖之上，有时还插上"福""寿""禄""喜""财"的五福字签，祭灶王用一堂三个，除夕夜则用一堂五个。

最豪华的除夕供桌长什么样？富察敦崇在《燕京岁时记》里展示了一番："列长案于中庭，供以百分。百分者，乃诸天神圣之全图也。百分之前，陈设蜜供一层，苹果、干果、馒头、素菜、年糕各一层，谓之全供。供上签以通草八仙及石榴、元宝等，谓之供佛花。及接神时，将百分焚化，接递烧香，至灯节而止，谓之天地桌。"

全供昂贵，一堂蜜供也算不上便宜，穷人的年可怎么办呢？别着急，有蜜供会。蜜供会多半由饽饽铺发起，门口粘贴一张黄纸报单，或是一张木牌，上写着"本铺年例诚起饽饽铺之蜜供会"，见了这样的牌子，便可以入内登记。蜜供是正月里用，便从前一年的二月开始供起，如"需用蜜供若干，均写于票面之上，按市价合出，匀十次交款"（秋生，《写会票》，《北平日报》1930年1月10日），这大概是最早的分期付款。

这当然是属于小户人家的精打细算，于商家来说，提前预估了年底供货量；于民众来说，"零钱作总钱，过年吃供尖"，年底花钱的地方很多，从年初开始攒碎钱买蜜供，也是一种对于神的崇敬。蜜供买回家，最开心的则是孩子们。对于他们来说，趁着大人们不注意，悄悄掰下一根"蜜供尖儿"，是过年里最有趣而又最刺激的一场游戏。据说，晚清的京剧名角儿余玉琴，曾经深受光绪皇帝的喜爱，多次被召入宫唱戏。当时的小报绘声绘色，说德宗皇帝携手余玉琴带他参观宫廷各处，看到桌案上的蜜供，随手折下一块，这是御赐，小戏子当然不敢吃，藏在袖子里，谁知蜜糖易化，糊了一袖子，苦不堪言，于是不敢伸手，畏畏缩缩，一件衣裳就此作废。不过，德宗皇帝当然不知道，饽饽铺有专供解馋的"蜜供坨"，是搭蜜供塔时剩下的碎蜜供条，价格额外便宜，并且渐渐成了北平糕点的特色之一，这大约是属于老北京的一份善意。

我当然从没吃过蜜供，从口感上想，大约和蜜麻花一类相仿。但我对于蜜供始终有一个迷思：在有暖气的北京，为什么蜜供不会化？采访了会做蜜供的老师傅，据说这是由于砌垒蜜供的冰糖是特质的：这种冰糖的原材料是过冬的甘蔗，并且要放置数年，经过陈化之后，才能成为蜜供的"独门武器"。

这样一想，蜜供不吃，也没那么可惜。

状元糕艳史

作者/李舒　插画/黄依婕

苏州人讲去玄妙观，是要“荡”的，晃荡的荡。

这个看上去带着点轻佻的行为丝毫没有冒犯神尊的意思，恰恰相反，老一辈人讲，玄妙观本是求雨的圣地，1912年一个无锡人纵火烧了弥罗阁，地母娘娘降了神旨，火生土，废墟上长出一个又一个小吃摊，无论老幼、时髦男女，纷至沓来，这是特意要人声鼎沸，生气盎然，以此护佑苏州城平安。

余生也晚，十多年前的这场大火正炙时，我尚在襁褓，无从得见。民国初年，父亲不知因为何事和祖父闹了意气，连夜带我们水路前往上海，初在南市开了一家诊所，父亲学的是西医，家学有中药的底子，很快站住了脚。去年祖父去世，伯父们为了分家的事争了几回，祖母写信给父亲回家调停，好歹维持了几分体面，各房虽然分家却终究不曾离散。这一年中秋，母亲带了我回苏州老宅省亲，这是我记事之后首次回苏州，母亲每日陪着伯母并几位老姨太太打雀牌，祖母在佛堂里念着经，堂兄们都去上学了，我在假山石里捉了会儿迷藏，又蹲看池塘蛙哥鸣叫半晌，厅里摆着的那只西洋雕花自鸣钟叮当作响，铛，不过下午一点。

三伯母笑着讲，叫鸾喜陪你去荡玄妙观吧。鸾喜是坐在她身后的女子，穿着一身半新的菱花暗纹袄子，前额留着厚厚的刘海，这是好几年前时兴的样子。据说，当年三伯父十分痴迷她，流连在大成坊里，有家不回。三伯母不声不响，有一日打听到鸾喜的名字，居然女扮男装来堂子里找人。这事闹得很大，三伯父又羞又愧，却不肯失了面子，执意要给鸾喜赎身。一来二去，连本地小报上都渲染写了故事，说雌凤求凰，二美团圆。进门时，各房静悄悄的，众人屏住呼吸等一场大戏，彼时三伯母正伺候祖母在榻上抽水烟，鸾喜递了茶跪下，三伯母不做声，榻上，祖母劈头盖脸扔了烟枪到她面上，血流如注。鸾喜一声不吭，仍把烟枪捡起来，恭恭敬敬双手奉上。最后还是三伯母叹口气说，怪可怜见的，那就留下吧。鸾喜从此额头上留了疤痕，行事更加小心，很少出门。听到玄妙观三个字，鸾喜身子轻微一抖，随即如常温言道，五小姐还没去过玄妙观吧。母亲从桌子下面小屉里抽出一块钱给鸾喜，又忙着嘱咐我要听话，莫要乱走，不要叫花子拍了去。我来此间数日，已经喜欢上鸾喜的温柔，爱看她窗下写字，听她教我念“日暮乡关何处是”，此刻哪里耐烦听母亲唠叨，牵了鸾喜的手，飞也似的就往外跑，隐约听到三伯母在身后讲，五妹也太客气了，我们鸾喜的体己从来藏着，好容易拿出来请五小姐吃碗糖粥也是应当的。我抬眼望一眼鸾喜，她的脸上没什么表情，方才的话，不晓得她可曾听见。

三清阁前香烟缭绕，这香烟却不是宝相庄严的沉香，弥漫着浮世的芬芳。这一边油锅沸滚，刚发好的鱿鱼日光下透着白光，进油里溜一圈迅速取出，摊主风驰电掣般剪了小块，浸了玫瑰色特制的甜酱，一入口是鲜活的烫。鱿鱼摊对面是米子糖摊，同样挤满人，蜂拥着，只等炒香的小米子和入饴糖猪油红绿瓜丝倒入木头框子的一瞬间，香味化作青烟四散开去，小孩子们带头喝彩，大人们却讲，荡一圈，等冷了切片再买。起了点风，漫步去喝碗排骨老三的血汤。老远看见门口的大铜暖锅，足足二尺许，锅内六六如意铜格，有鸡血鸭血百叶毛肚各式杂烩，店员抓了细粉丝放在竹丝抓斗里，入锅烫一下，放入蓝花白瓷碗里。一个百叶结剪成三四小段，而后一大勺子血块浇进去，嫩绿的青蒜叶立时漂浮上来，浸染着通红的辣油，漾开一个小圈。喜欢甜口的去苏北老妇人的藕粉摊，南塘鸡头米汤赤豆糊八宝甜粥，小孩子喜欢的藕粉也分桂花白果玫瑰各个品种，更有一种鸳鸯糖粥，粥上浇一勺稠稠的蚕豆酥，碗里呈现八卦图形，一边雪白一边暗红，这是只有玄妙观才能吃到的味道。淡黄三角旗在风中扬着，是那妇人刚央斜对过书摊先生写的，包了他一年的糖粥，浓浓蘸了墨的三个字"小有天"。

鸳喜带我去玄妙观最著名的海棠糕摊，一副骆驼担，一边是紫铜火炉，一边是紫铜烘具，看上去比祖父的年纪还要老。乳白色面浆注入下去，又填了一满勺赤色豆沙和洋白糖，一把红绿丝洋洋洒洒，随即擎了梅花状烘具去火炉上烘烤。又一阵风，远远飘着不知什么树的叶子，鸳喜从手绢里变魔法一般呈出一把子碧绿菱角，剥出嫩白菱肉给我吃，我忙着看空中黄叶，嘴巴里迷迷糊糊被塞进菱肉，一股焦香忽然充斥鼻间，暖烘烘的令人想要打个喷嚏，原来是海棠糕熟了，似乎只一瞬，一枝琥珀色色柱状花朵从模子里脱出来，到了我手上，隔着纸袋子仍旧感受到那种温度，吃到嘴里倒不如先前的菱角，只觉得昏天黑地的浓甜，糖浆顶在口腔上腭，挥之不去的腻。

鸳喜，你怎么对此地这样熟稔？我好奇。鸳喜笑，从前常来荡，自然就熟啊。从前是什么时候？鸳喜又笑，就是从前，老里八早，早到五小姐还没生下来。胡说，你看上去也不过比我大不了多少，我有些不服气。正说着，已到

了财神殿，鸳喜抬手指一指东侧的茶摊，摊主是我本家亲眷，五小姐要是不嫌脏，就去那里坐一歇。到了那里，那摊上的妇人果然和她相熟，唤她姑奶奶，鸳喜叫一声张妈，妇人讨好似的从柜子里小银瓮另取茶叶出来泡茶，鸳喜拿出自己的帕子，替我垫在凳子上，又拿了滚热水来烫茶碗。妇人口中絮絮叨叨，今天早晨喜鹊叫，我就猜的有贵人来，不曾想是姑奶奶。大成坊里那么多姐妹，独你的命最好，没有嫁去外地，三老爷待你可好？鸳喜不答话。妇人又说，三太太还好相处吧。鸳喜已经有些不耐烦地打断妇人，偏你话多，这是我们五小姐，你不要啰里八唆。妇人忙转了话题问，吃点心不曾，我去旁边买米子糖。姑奶奶阿要吃咸豆腐浆。鸳喜讲，刚刚给她吃了海棠糕，不敢叫她多吃。妇人讲，怕积食，一会儿阿山来了，叫他切两片状元糕。

听到状元糕，我的眼前一亮。从记事时开始，我顶顶欢喜的糕点便是状元糕，父亲说我儿时抓周，不握笔不取元宝，独独拿一包状元糕不肯撒手。母亲说，难道是要嫁个状元？父亲讲都民国了，哪里来的状元。他自诊所下班，经过南京路三阳南货店，往往带一包归来。王妈拆了麻绳之后，便由我立在板凳上，几乎要垫着脚，把状元糕一片片放进茶食罐子里，有酥脆碎了不成型的，便直接进了我的肚子。我最初认得的字，竟是饼上印制的"状元"两字，有时父亲晚归，发现我在衾边枕角留下的点点糕屑，如海滨沙砾。父亲说，状元糕是用桂花糖和藕粉制作，掺杂的糯米特意选的三年陈米，这样烤出来的糕饼才能松浮如竹片，小孩子多吃也不会积食。话虽这样说，母亲仍

旧不许我多吃，稍年长之后，八珍糕杏仁饼琳琅满目，渐渐把状元糕丢在了脑后，今天重新听到这三个字，忽然依依生了余恋，由唇边绽放出想念的笑意，转向鸾喜，正打算开口，我忽然愣了。

鸾喜脸上的表情似乎凝固了，前一秒的笑意还留在唇边，弯弯眉梢却不自觉地一挑，手里的茶盏微微颤着，连带着开口的声音也发颤，是哪个阿山？倒茶的妇人尚不曾察觉，这世上还有第二个卖状元糕的阿山？还是我可怜他，帮他求了庙里，给他一间房住着。真不晓得当年金凤看上他什么，胸门口挂只马口铁箱，瘦骨嶙峋的，哪天倒在大马路上，也是现世报。

阿山常来大成坊卖状元糕的那段情景，鸾喜是记得的。虽然，那时候的鸾喜和现在的我差不多年纪，被买来不过一年，梳一条黑又粗的辫子拖在身后，辫尾处的漆红如意珊瑚穗扑闪着，如一只蝴蝶，这屋子常年浸在暗夜里，因主人总要睡到午后才起身，鸾喜踢踢踏踏跑进来，倏地拉开厚重的红色绒布帘子，满屋子忽然光华灿烂，这才显出银光纸糊壁，地上铺着的五彩绒毯，顶上悬挂着象牙色的几叶船桨，鸾喜后来才晓得，这叫西洋风扇，夏天一开机关，凉生一室。室中宝鼎金炉，图书四壁，倒像一个读书人的书房。那只西洋铁床便显得有些格格不入，纱幔垂着，此刻被阳光一照，如水银泻地。一个中年妇人进来，正是那茶摊上的妇人略年轻时，她端着一只金铜盆走向毛巾架，盆里袅袅透着热气。纱幔里的人已经醒了，妇人嘟囔着，鸾喜就是拎不清，手脚这样重，金凤小姐可要再睡一会儿？纱幔里伸出象牙般的柔黄，藕一样的玉臂，有一只翡翠镯满当当套着，衬托得手臂愈加白得耀眼。金凤接过妇人递过的热毛巾，开口道，今朝夜里有几个局？

桌子上有厚厚一叠的局票，金凤瞥一眼，叹口气。金凤是大成坊最红的倌人，民国初年，苏州开过一次花榜，金凤得了花魁，风光无限，本地小报上登了她的男装小照，辗转传到上海，更有慕名而来的武陵年少。妈说，金凤眼睛长在额头上呢，四如巷的陆大少，西白塔子巷的钱老爷，哪一个不是把金凤捧在手心里，要星星不给月亮，哪怕把剑池里吴王阖闾的宝剑捞出来，只要金凤讲一句，他们也一定把池水抽干。金凤却落落，仅报以色笑，并不见得偏向于哪位客人，谁知道，这一套落在男人眼里，更生了孔雀开屏的好胜，人人憋着一口气，争相以金媚之，金凤的身价，越发高起来。

这样的金凤，却独独喜欢一个阿山。阿山瘦长个儿，十指细细长长的，会拉二胡也会弹月琴。他和寡母赁了玄妙观后面的房子住，庙里打醮，阿山帮着演奏，有时人手不够，也披过道袍上去唱一回"玉京山上朝真会，散花林十仙齐奏步虚音"。阿山的字写得好，庙里的榜文有时是阿山代写，有赵孟頫的样子，也和他人一样，细细长长的。没人知道这母子二人是怎么来的玄妙观，他们平时都不怎么爱讲话，有人便传扬出去，讲阿山大概是道士的私生儿子。金凤认识阿山，就是在玄妙观的求雨大会上。烈日当空，三清殿前竖立标杆、悬旗幡、仙鹤，玄妙观广场摆八卦阵，诵经声、乐器声、香烟缭绕、烛光闪闪。鸾喜陪着金凤来看"出会"，只见道众百余人，捐旛打伞，舞龙灯、踩高跷、打十番锣鼓，更有人披襟袒臂，用铁钩扎入臂上，钩上挂着香炉花篮石锁，热闹非凡。不知是谁叫了一声，队伍忽然乱起来，金凤被蜂拥的人潮挤塌了绣花鞋，又和鸾喜走失，急得面红耳赤，又不知被谁趁乱摸了一把，正在混乱之间，一个着玄色道袍的少年伸过一把拂尘，金凤伸手抓住,少年使了力气,这一杆拂尘居然带着两人一前一后挤出了队伍,广场角落一小块空地上,两人立着喘气,金凤这才看见,那便是阿山。

自那之后,金凤叫阿山每个礼拜来送点心匣子,点心都是玄妙观买的,有时是糖粥芝麻糊糖芋艿,有时是海棠糕梅花糕,有时是油氽散子白糖饺,有时是萝卜丝油墩子,只有一碟状元糕,据说是阿山母亲自己做的,和外面卖的不同,烘了焦黄的点子,有浓郁的桂花香。即便如此,鸢喜仍担心下纳罕,大成坊里的点心外面吃不到,哪怕一客蒸面,也是用蛋清和上面粉制成切面,先入水煮到六成熟,再上笼蒸,最后再配料入口。鸢喜学会的核桃酥,是和娘姨一道一早起来用小磨细细磨成,筛了又筛再搅拌牛乳。金凤怎么会去喜欢那些玄妙观不入流的粗点心,渐渐鸢喜明白了,金凤喜欢的,是来送点心的人。阿山来的时候,金凤留鸢喜在屋子里,但他们两人单独在西边小小的碧纱橱里,隔着屏风,鸢喜帮他们守着门,一颗心提在嗓子眼里。鸢喜心里欢喜,金凤姐姐这样相信她,她立时三刻就是为金凤姐姐死了,也是心甘情愿。鸢喜坐在桌边,不敢听碧纱橱那边的低语浅笑,但一声声就这么传入她的耳朵,连绵不绝的,听得她心烦意乱。终于,她蹑手蹑脚地走过去,绣花软缎鞋在五彩绒毯上步步生莲,却一点声音也没有。屏风后面,阿山一榻横陈,金凤低鬟体贴,烟雾缭绕之间,鸢喜隐约看见金凤脸上春色横眉,真个是烟笼芍药,雨洗芙蓉。鸢喜的心快要跳出来,她何曾见过这样的金凤,眼波迷离,娇盼欲流,一双玉臂抚着阿山的脖颈,如一条玉蟒,冷冷泛着碧色,仿佛要吞没了阿山,可阿山也是笑着的,心甘情愿被她这样抚着。金凤从来不是这样的金凤啊,她平日看着自己时,那样温和而慈爱,是姐姐,是

母亲,是天底下最柔情的姐姐。鸢喜心里有什么东西忽然嘭的一声破了,随即有泪水涌上眼眶,是无限的酸楚。

这一年中秋,鸢喜开始陪着金凤出局了。那日之后,她不再踢踢踏踏地跑来跑去,面上笑容少了许多,转局的时候遇到蛮横的客人,"对勿住,停歇再过来"这样的套话,鸢喜也会说了。大成坊近来最大的客人是卢厚卿,卢是钱老爷的世交,慕金凤艳名而来,此后三月,时不时来苏州流连,上上下下都晓得,厚卿对金凤,有些志在必得。金凤房里的西洋家具,什么"四泼玲跑托姆沙发"(spring-bottom sofa 弹簧沙发)、"叠来新退勃而"(dressing table 梳妆台)、"开痕西铁欠挨"(cane chairs 藤椅)、"梯怕哀"(tea table 茶几)……都是厚卿从海外订来,金凤出局,厚卿开双份,连鸢喜都得了好几次赏钱。

钱老爷见厚卿如此,甘拜下风偃旗息鼓,随即去做了会乐里的张书兰,当年花榜评选,书兰屈居第二,对于金凤这个花魁心中颇为不忿。这一夜,钱老爷摆了牌局,金凤转局而来,欠身向诸位抱歉,脱了披风坐在厚卿身后。张书兰笑道,金凤不来,卢老爷一个晚上胃口都不好。阿四上点心吧,大家吃点东西歇一歇。随即上来八只高脚玻璃盘子,里面都是外国牛奶糖饼干一类,独独到厚卿这里,是一个红漆攒盒,揭开一看,却是一碟状元糕。张书兰特意提高了声调,卢老爷,你对金凤这样好,应当尝一尝,这是金凤顶顶欢喜吃的状元糕,听了金凤来,我特为叫阿山送来的。

鸢喜脑中如惊雷滚滚,担心地看金凤,金凤倒沉着,只做没听见,捻过一片送入口中。厚卿面色一沉,随即满不在乎地笑,书兰倒是有心的,不过,我看这个糕点,好像也没什么特别。书兰立刻接话,可不是,20个钱一片,比

外面卖的贵一倍。众人一时间沉默了，鸢喜不知哪里来的勇气，朗声说，金凤姐姐是花魁，花魁吃状元糕，这不是天经地义的嘛。众人哄堂大笑，厚卿当场赏了鸢喜一锭金锞子，鸢喜坐下时，胸中仍旧小鹿乱撞，手心湿而冷，忽然，有一只手握住了鸢喜，那样纤纤而温暖的，鸢喜抬眼，金凤却不曾看她，灯下，依旧那样笑着替厚卿看牌，是花魁特有的那种恰到好处的温厚笑意。

书寓里的账目，向来是以中秋为界。中秋一过，新的一年便又开始了。金凤从前有好几个客人，今年却只有厚卿一枝独秀。这样的意思，连鸢喜都晓得厚卿志在必得，可是金凤好像不以为意，阿山仍是三天来一次，鸢喜新添了为金凤和阿山传递书信的任务，去玄妙观去得更勤快了。玄妙观人多，阿山有时也和她约在胡相思桥下，鸢喜见了阿山，总是气鼓鼓的，接了信或是传了笺，转身就走。阿山却不以为意，亲亲热热叫鸢喜妹妹，叫的鸢喜有些不好意思，只得站住听阿山问金凤的近况。鸢喜心里想，这两个人难道打算一辈子这样下去吗？难道阿山是有什么法术，会把金凤变没了，两个人一道双宿双飞？还是可以变出万两黄金，从卢老爷那里把金凤抢过来？她心里着急，嘴角起了泡，下一次见面时，阿山递给鸢喜一个小纸包，我自己做的蔷薇硝，明天就好了。鸢喜接了纸包，阿山讨女人欢喜，大概就是靠这样的伎俩，回去依言用水调匀，在唇边敷了，次日起来，火泡真的不见了。

西式梳妆台前，金凤散开了齐腰的长发，鸢喜捧过了刨花盒，打开，里面是加了桂花油的刨花水，金凤用象牙梳一点点刷在头发上。这是一天中鸢喜最喜欢的时刻，她望着金凤刷头发，金凤的头发乌黑油亮，金凤的头发绢光滴滑，屋子里只有西洋钟摆一下一下地摇来摇去，鸢喜深吸了一口气，空气里是金凤的暗香浮动。鸢喜想，要是阿山真的会法术，不如把自己变了金凤手上小小的牙梳，如果这样，便可以常常吻着金凤的头发，这样过一辈子，好像也可以知足了。金凤忽然想起了什么，摆手叫鸢喜近

前，悄悄说，桌子上有五块钱，是给阿山的，叫他去做一身棉袍，刮了一夜的北风，我夜里都睡不着。鸢喜娇嗔，姐姐，北风也刮在我身上的呀，怎的我没有新衣裳？金凤笑着用牙梳佯装打鸢喜，死丫头，你的衣裳还少？

张妈在此时拿着局票进来，两人都掩住口。趁着张妈不注意，鸢喜忙去用手盖住了桌上的银钱，另一只手接过局票，故意一张张念给金凤听。张妈笑盈盈作神秘状，卢老爷昨天来找太太，讲了好一会儿的话。太太出来时，我见她灯下站着，从怀里掏出两条小黄鱼，对灯照了又照，不晓得可是下定了。金凤倏地站起来，牙梳掉落在地，跌落成两半，鸢喜小声惊呼，眼见着金凤披着头发跑了出去。再回来时，眼睛肿得如蜜桃一般，耳朵上的玉坠耳环也掉了一只，金凤扑倒在桌边，身体抖动着，悲伤淹没在她的长发里。远处传来一个老妇人的怒吼，是鸢喜再熟悉不过的，做婊子做到你这个样子要知足，怎么了，真把自己当苏三，要去找那王金龙？拿水盆照一照，你那王金龙身上可有一个大子儿？别以为卖状元糕将来就能中状元。金凤猛一抬头，拼尽全力把桌上的甜白釉瓷瓶砸了出去，嘭的一声，玉色瓷片四散在地毯上，而后，一切归于死一般的寂静。

玄妙观茶摊前，鸢喜脸上的表情兀自凝固着，我推一推她的手臂，鸢喜我要吃状元糕。嘭的一声，鸢喜手里的茶碗摔落，碎在地上，立时便有大大小小的白瓷片横陈，我和她都吓了一跳，张妈赶来，一边说不要紧的，一边拿了簸箕来收拾。鸢喜帮忙擦着桌上的水渍，只有我无事可做，就在这时，我看见一个衣衫褴褛的瘦高个子摇摇晃晃负贩蹀躞而来，胸门口挂了个马口铁箱，上面写了四个字"提倡国货"。鸢喜鸢喜，状元糕来了。我忙推鸢喜，她已经僵在那里，显然和我一样，也看见了那人。

这是八年来鸢喜第一次再见阿山，他面上浮着一层青色，两只眼泡肿着，下巴处胡须乱长着。鸢喜想起那天夜里，金凤叫她悄悄遛出后门，到玄妙观去找阿山。夜里

没有灯,鸢喜不晓得摔了多少跤,摸到阿山家时,已经是后半夜。阿山家很小,昏黄煤油灯置于桌上,一个妇人沉默着斜靠在炕上,眼神却冷冷瞥鸢喜,鸢喜晓得这是阿山娘。鸢喜的身上满是泥泞,头发也散乱着,但她完全顾不得,只小心从怀里掏出一包东西,用杭绸包着,她要交到阿山手上,却忽然缩了手,后退两步。像是要下定决心似的,她对阿山讲,姐姐说,这是她全部身家。你要有良心,明天便去给她赎身。阿山接过包裹,回头望一眼炕上的妇人,又望一眼面前的鸢喜,他的两眼俱是血丝,带着从没有过的恐惧,煤油灯下,鸢喜只记得那双包着包裹的手,细细长长的手指紧紧抓着杭绸包袱,紧紧抓着,想要扼住一个生命。

　　然而第二天,阿山却没有来。不仅阿山没有来,连着阿山娘也不见了。屋子里的家具还在,玄妙观的道士说,阿山留了字条,讲亲戚家里有白事,要回乡下一趟。鸢喜听到这个消息时,几乎要昏厥过去,金凤把自己关在房间里,一口饭也没吃,一口水也不喝,她就那样躺在纱幔里,从白天躺到黑夜,从黑夜躺到白天,再起来时,已是两天之后。鸢喜哭着跪在纱幔边上,姐姐你吃一点,都是我不好,姐姐你千万吃一点。金凤躺着,枕头边氤氲了一片片泪痕,她睁开了眼,摸摸鸢喜的头,翡翠镯子一下子缩进银色绣线寝衣袖管里,消失不见。两日之内,金凤竟然瘦了那么多,那手也失了光泽,有些枯槁了,如柴。金凤哑着喉咙对鸢喜说,去对妈讲,我答应了。

　　金凤的手成了鸢喜的噩梦,她无数次夜里梦见这场景,金凤的手按在她的头上,忽然手成了白骨,又忽然成了铁掌,只冷冰冰的力大无穷,把她的头戳破一个大洞。她哭喊着醒过来,知道这不过是一个梦,卢老爷娶了金凤之后,官运亨通,成了省财政厅厅长,带着金凤赴任南京。金凤寄了莫愁湖畔拍的小相给鸢喜,仍旧那样淡淡的笑容挂在脸上,只是身上一点肉也没有,瘦得简直成了另一个人。金凤信了佛,对鸢喜说,前尘往事,如梦幻泡影。鸢喜,男人都不可靠,要早早为自己做打算。

　　鸢喜想过无数次和阿山再见面的场景,鸢喜想,自己一定要冲上去,狠狠揍阿山一顿,要把阿山那细长的手指头一只只掰断,把他踏翻在尘埃之中,再问他,为什么要裹挟了金凤的财产逃走?为什么要辜负了金凤的情意?但当这一天真的来临之时,鸢喜却只是站着,木头人一般望着眼前的人。阿山看见鸢喜,也是一惊,转身想逃,却没有抬脚。旁边的路人经过,都有些惊讶,阿山居然也会认识这样漂亮的姑娘。最终,还是张妈打了圆场,问阿山,今天生意还好?阿山点头。张妈说,姑奶奶好久不来,也是难得,过去的事情,就不要去讲了,大家都是苦命人。

　　鸢喜忽然仰头,我跟着她一起抬头,天这样蓝,连云都没有一朵。我又看看鸢喜,却见她敷了脂粉的脸上有两条晶莹的小径,看天,终究不曾让泪滴落。阿山沉默着,须臾,他打开箱子,从里面拿出一条状元糕,小姐要吃状元糕吗?如竹叶一般一片片切好的状元糕,象牙色,微微有焦黄,这是我从没吃过的味道,三阳南货店里的状元糕,

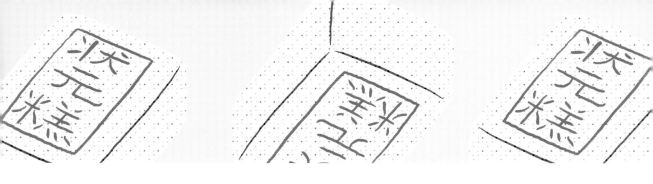

没有这样的香气。张妈说，阿山，你娘死了之后，是你在烤？阿山苦笑着点头。鸢喜讲，什么时候的事？张妈说，不就是前年，那时候姑奶奶已经嫁了人，所以不知道。阿山说，还没恭喜鸢喜嫁人。鸢喜说，这有什么好恭喜，金凤姐姐说，嫁谁都一样。阿山又是一惊，也不敢辩白，默默立着。鸢喜忽然说，今年清明节，我去姐姐墓上供花，看见坟上青草都拔得干净，有人浇了水，还供了一碟状元糕。那人是不是你？阿山继续沉默着，面上的青色更深了，一点血色也没有。鸢喜喝完碗里的茶，忽然转头问我，五小姐，那五块钱可以先借给我吗？阿山忙道，今天的点心，我送五小姐。我略点点头，鸢喜把五块钱掏出来，置于桌上。阿山愣住了，鸢喜走近一步，用很轻很轻的声音说了一句话，那声音虽然轻，随着风，我却听到了——

阿山，金凤姐姐说，她还欠你五块钱，北风起了，让你去做一件棉袄。

夕阳西斜，黄包车里，鸢喜搂着我，我搂着怀里的状元糕。鸢喜讲，回家先不要做声，去我房里，取钱给你。我说，不要紧，我可以对母亲说是我要买状元糕，找的散钱被我弄丢了，或是捐给庙里做了功德。鸢喜闻言笑起来，五小姐，看不出你年纪这样小，还会撒谎。我说，鸢喜，你在我这个年纪，有没有撒过谎？她一愣，不曾讲话，余晖洒落在她的脸上，泛了金黄色的光晕，我看不清她的眉目。

阿山捏着五块钱，内心却翻江倒海。有一句话，他始终没有问出口，虽则已经没有问的必要，却成了他心里永远的谜团。那天夜里，煤油灯下的包袱皮里，藏着一张纸条，纸条上细细密密写着，卢老爷以巨金欲搜金凤，已经报至衙门，以诱骗妇女捉拿檀郎。事已急，君当连夜买舟，速回木渎，五日后至渡口待妾，定不相负，切切。字迹是金凤的，卫夫人簪花小楷，如果细看，会发现一些不同于金凤的温柔娟秀，阿山想，这大约是金凤临时着急，有几笔写得潦草，他当然不知道，金凤的簪花小楷，大成坊人人都会写。金凤的来往客人最多，有时写答谢笺，金凤要赶局，张妈和鸢喜都帮着写过，连鸨母也写过几封，不细看，根本看不出。但这张纸条究竟是谁写的？大约已经成了永恒的谜，一如五天之后渡口的河水滔滔，沉默着滚滚而过，这世间的多少事情，生来注定是要错过的，容不得细细回味，慢慢体会。

地面的一切都罩在一片模糊的玫瑰色之中，老宅的电灯亮起来。屋子里，三太太兰芬往屉子里取了钱，鸢喜走了之后，她的手气一直不好，没几个小时，倒输了那么多。一个丫鬟在屋外问，二太太请三太太一同用饭。兰芬问，姨太太同五小姐还没有回来？丫鬟说，刚进门，姨太太买了状元糕。兰芬皱一皱眉，又买这些没用的东西。她熄了灯，快步向外走去，在熄灯的一瞬间，我们可以看见抽屉里钱包旁边，是一张照片，兰芬着西装，鸢喜着婚纱，两个人并肩着，笑颜如双生芙蓉。

（本故事灵感来源于周瘦鹃听范烟桥所讲的一段苏州往事，但所有人物和情节均属虚构）

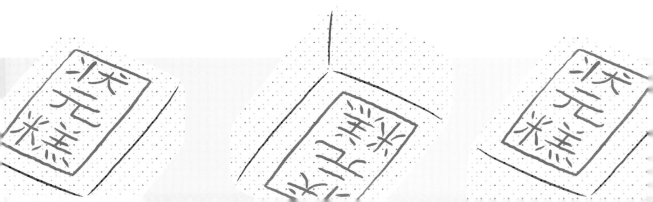

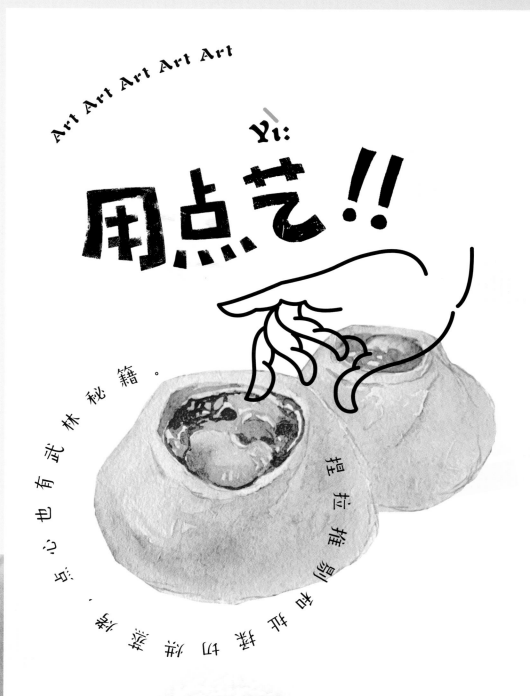

Art Art Art Art Art

Yì:

用点艺!!

点心也有武林秘籍。

揉搓摔捏剔切搅拌

如何成为一个点心大师？我们绘制了一本武林秘籍，揉面的无极玄功，制酥的铁琵琶手，刻花的玉女剑法……要学会，请你先打开自己的任督二脉。

摄影/朱骞 插画/黄依婕

róu

揉

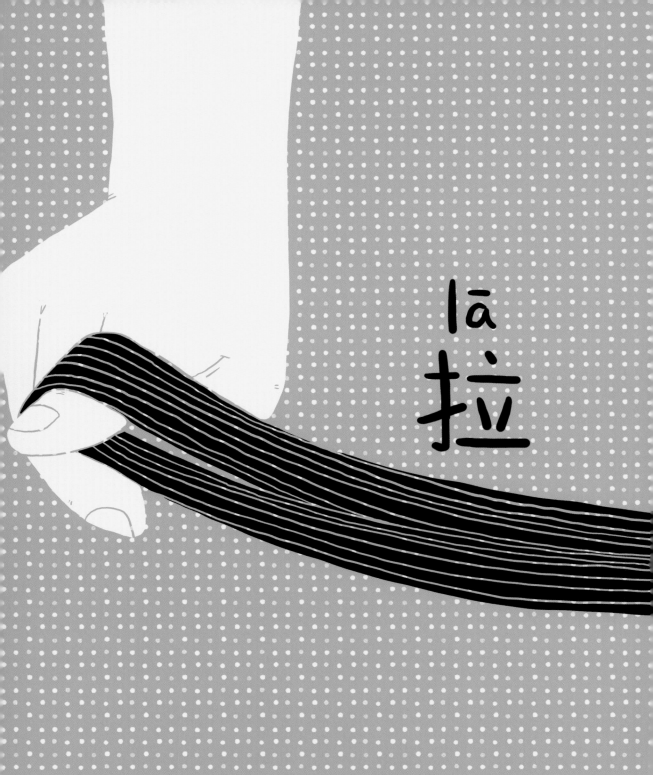

lā
拉

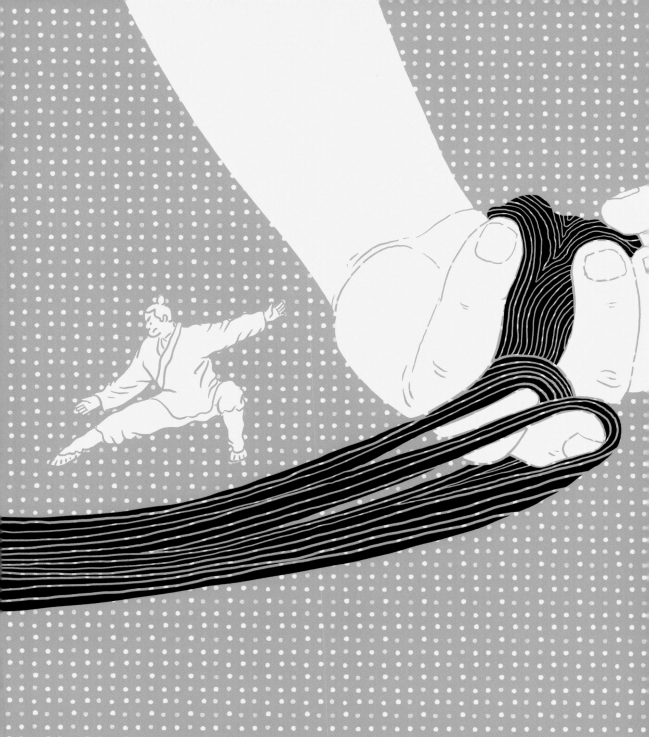

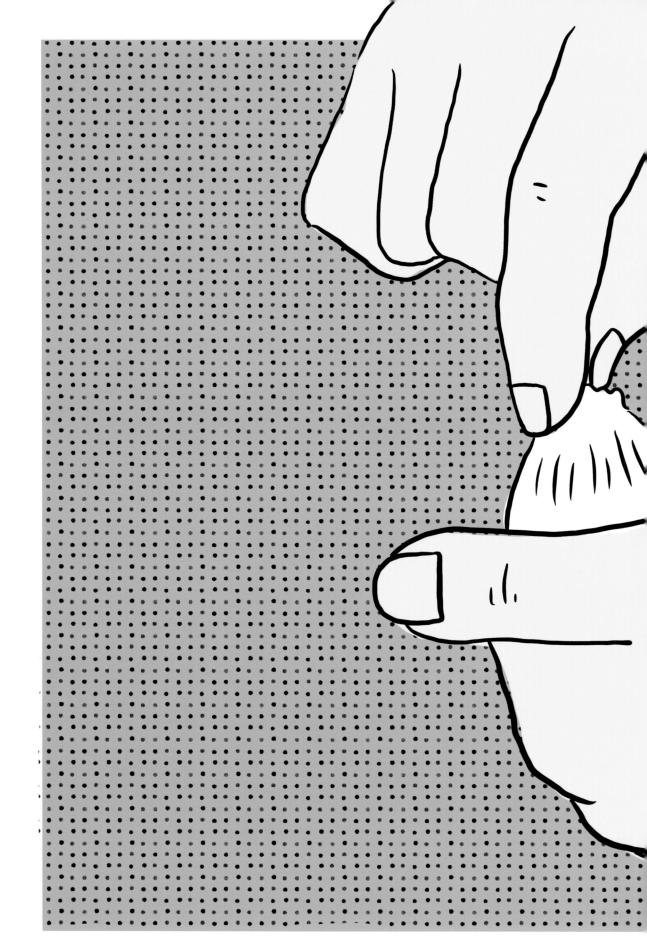

chāi
拆

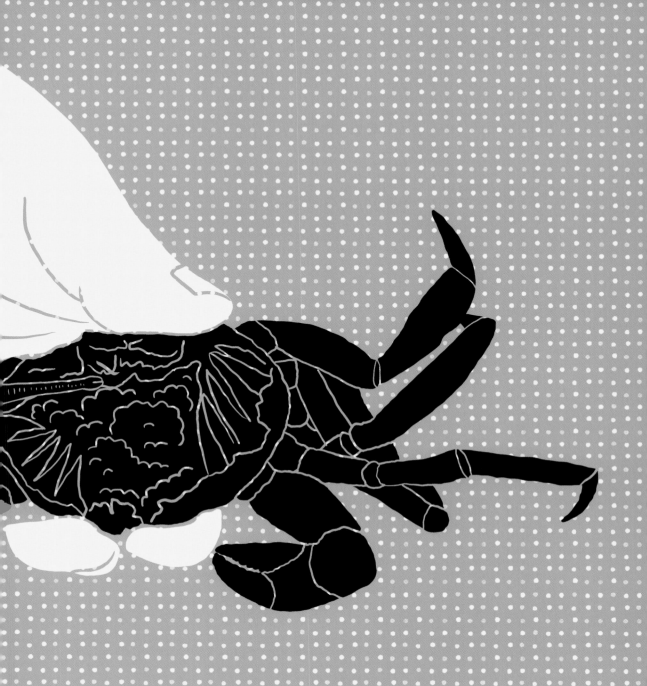

shāi

筛

guǒ

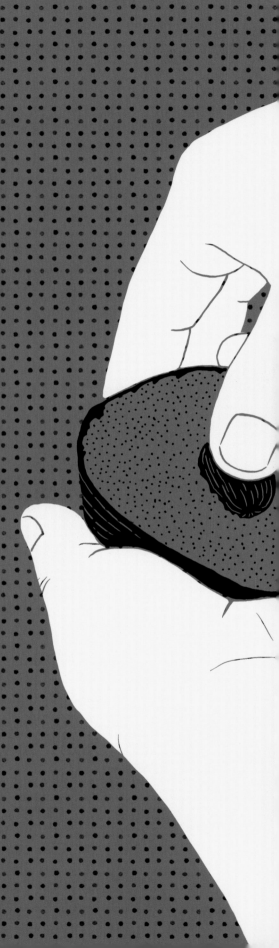

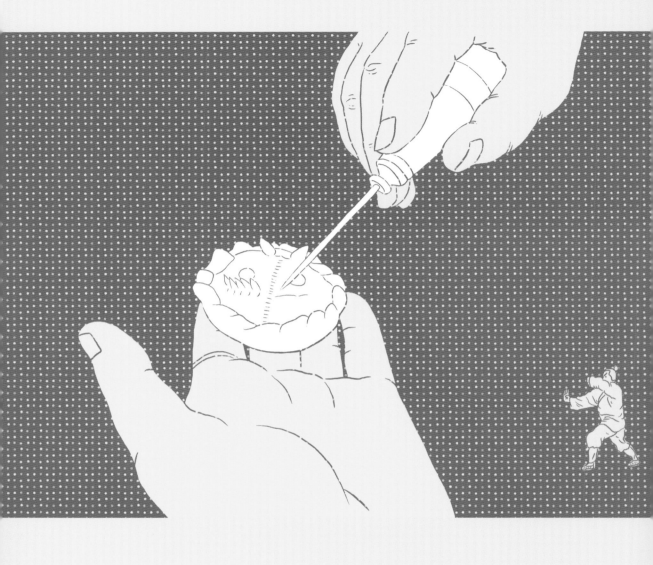

kè

刻

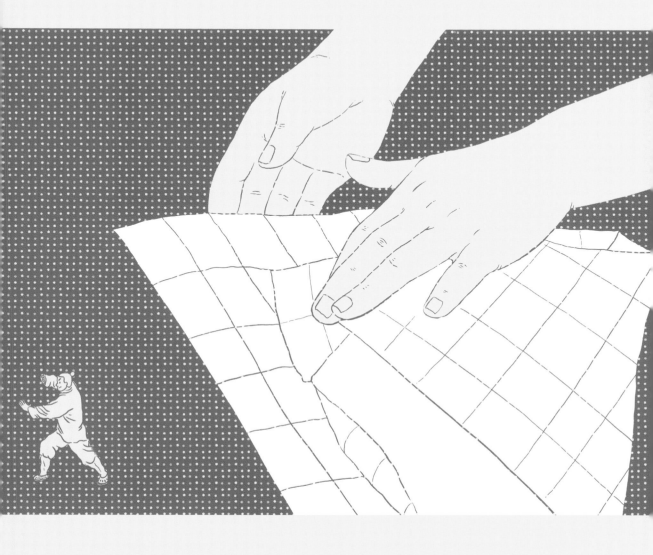

bāo

包

Flavour Flavour Flavour

Wèi:

用点味!!

山楂酸枣泥糕甜咸适中，是老少咸宜的滋味，也有五味。

点心的味道，提纲挈领可分为甜和咸，更有介于两者之间的暧昧。甜党咸党如楚河汉界，你拥抱你的甜蜜，我支持我的咸鲜，更有人高呼，小孩子才做选择，我全都要！

摄影/朱骞 插画/黄依婕

北方的疲物点心

大体上来说，只有北方的点心，没有北京的点心。这个北方，大抵包括北京、天津、河北、河南、山西……行走一圈，会发现整个北方对点心甜食的味觉记忆是相似的，那是一种漫漶，粗糙，混不齐，带着风沙，刮来一阵阵迅猛之甜。

我的老家在河北，与北京生长的同龄人对甜食的回忆大同小异：点心匣子，各种掉渣的带馅儿点心，糖油饼、蜜麻花、槽子糕，一个人没有什么出息，就数落他是个"废物点心"。

北方的点心，失之精致，得之浑然。这么多年过去了，从前南人书法娟秀，北人魏碑厚重，许多气质上，并无二致。南方的点心往往是小品，解馋，零嘴，茶食，在间歇中过门，就像电影《爱情神话》片末的蝴蝶酥。北方的点心则是重彩，顶饱，扛饿，嚯老大，过瘾，来劲。当然也有貌似委婉的豌豆黄、艾窝窝，它们打着宫廷点心的名头高高在上，没有接地气。

即便到如今血糖偏高，我依然喜欢北方的糖油饼，回民的糖花卷，芝麻酱糖饼。这是北方甜品届的"三座大山"。

咱们一个个的说。

糖油饼，以前是很标致的早餐食物。油条、油饼、糖油饼，以前还有鸡蛋馃，现在不怎么常见了（就是在油饼放在油锅的时候，在里面开一个小口，倒进一枚鸡蛋）。糖油饼就像是北京的酥皮菠萝包，暄软多孔的炸油饼上盖了一层红糖酥，油香甜香面香齐飞，有的地方糖油饼还会撒上一层白芝麻，嚼的时候仿佛一粒粒坚果爆珠。

北京的早点铺不讲究专盘专用，也没有甜咸搭配的有迹可循，经常是一张糖油饼上摞着一个牛肉包子和一片糊塌子，可能还蘸上了点咸菜丝，再配一碗豆腐脑或者带点锅糊味的豆浆，糖油饼竟然在串味中更有了滋味。

现在糖油饼登堂入室，这个要拜名厨段誉提携。当年他在拾久餐厅，把大油条剪断，放在大鱼头里，糖油饼炸好，当成隆重甜品，为了显示国际化，还会在上面淋上一点意大利陈年摩德纳香脂醋。小吃食摇身一变成了米其林餐厅的招牌，现在许多打着京味风格的餐厅里，糖油饼成了标配，似乎是一种伪造的乡愁。

糖花卷，是回民小吃。散见于北京的牛街周边。

凭着一个糖花卷单品，就是一个难以超越的山头。老红糖的砂粒感在融化后变得湿润深沉，芝麻酱混合进去又给甜味增加了柔顺感，像是黄油一样给面团增加了千层酥皮一

很多年前我出过一本诗集，诗集的扉页上写着一句浪漫的话：你用一百斤面粉做一个废物点心，而我用两百斤膘肥体壮的时光，写一首诗。

作者/小宽　糖油饼品牌/新京熹

般的层次分明。过于馥郁浓烈的口味甚至感受不到面皮的存在，如果盲测会以为在吃巧克力布朗尼，它确实也拥有了一块完美布朗尼所具备的所有特点——Soft（软）、Moist（湿）、Gooey（黏）、Chewy（嚼感）。

糖花卷好吃，想把又稠又厚的馅料卷进极薄的发面团里不简单。可以想象在家实操时，擀面杖把黑黢黢的红糖芝麻酱混合物挤出来，面团因此而定不了型，案板上面粉和糖浆沉瀣一气地攻破人踏入厨房的最后一道自信。何况3块5的价格实在是良心，它具备了一份高级甜品的潜质，用锯齿刀利落横截，底部画上水墨皴染一般的酱汁，加上一勺橄榄形冰淇淋，撒上山核桃碎，好好摆盘，妥妥的创意餐厅里的小花招。

后来我公司的小朋友跟我说，这些食物有另外一个术语：Comfort food，疗愈食物。可能是高热量、高碳水、制作简单粗暴、成本廉价，甚至带点诸如流心、拉丝的网红属性，却会让人迅速分泌多巴胺，犹如一个兔子洞，在搅拌酱汁或撕拉掰开时把食物以外都抛诸身后。

如此而言，疗愈食物的极品当属麻酱糖饼。

俗话说：芝麻酱蘸宇宙，那么加上红糖，就是宇宙糖心。北京人爱吃芝麻酱，就像美国人热爱花生酱，猫王三明治的前身有一个更加罪恶的版本——愚人的黄金面包（Fool's Gold Loaf）。传说猫王听说了夹馅后当场就决定搭着私人飞机飞到丹佛，和朋友一口气买了30个，不出机场就吃完了。这个三明治会把一整条面包挖空，填进去一整瓶花生酱、一整瓶葡萄果酱和一磅煎培根。

后来风靡一时的猫王三明治是把吐司片里涂上厚厚的花生酱，再放进去熟透的切片香蕉，淋上蜂蜜铺上煎好的培根，盖上面包后再在黄油里煎到两面焦黄，融化的花生酱把所有食材都粘在一起不分彼此。每次看到这个组合我就会失去理智，热量的叠加唤醒了人类作为动物的某种本能，满恒记的麻酱糖饼就坦诚地实现了内心的疯狂。

北京的麻酱糖饼从外形上可以分为两派，涮肉店里流心的和热菜店里沙瓤的，前者犹如火山岩浆一般烫嘴甜蜜，后者芝麻酱充当了一层层油酥，面皮像可颂一般更油润薄酥。满恒记的麻将糖饼就是涮羊肉吃完之后的一个大大的惊叹号，它也是许多外地人的麻酱启蒙，尽管有时候能吃到夹在饼皮中的零零点点硬块死面，但是麻酱红糖给得足够豪放。吃完这一块，会让人想再继续寻觅一块更加好吃的麻酱糖饼。

纵使糖在人类历史中从加冕的奢侈品逐渐走下神坛，甜的地位在科学与健康面前愈加站不稳，我仍愿在北方的风沙里，面对三座大山，坦荡咀嚼。很多年前我出过一本诗集，诗集的扉页上写着一句浪漫的话：你用一百斤面粉做一个废物点心，而我用两百斤膘肥体壮的时光，写一首诗。

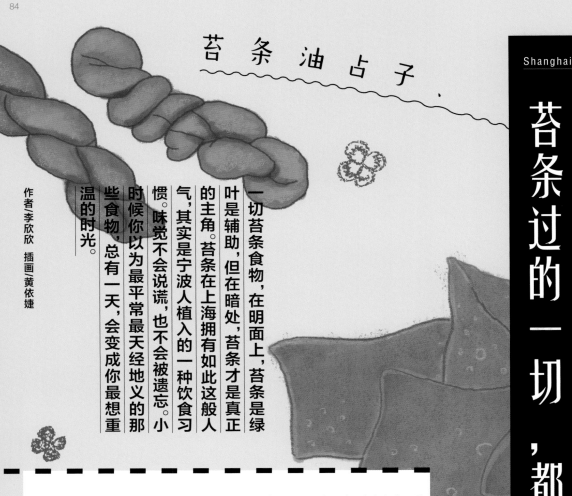

苔条油占子

Shanghai

苔条过的一切，都很妙啊

作者/李欣欣　插画/黄依婕

一切苔条食物，在明面上，苔条是绿叶是辅助，但在暗处，苔条才是真正的主角。苔条在上海拥有如此这般人气，其实是宁波人植入的一种饮食习惯。味觉不会说谎，也不会被遗忘。小时候你以为最平常最天经地义的那些食物，总有一天，会变成你最想重温的时光。

　　老字号的点心柜台里，本帮菜的各色菜肴里，苔条的出镜频率之高，让人产生一种苔条可以"苔条一切"的错觉。

　　苔条之于上海的美味江湖，好比许绍雄之于TVB，作为一种"辅料"，出场时机似有似无，却也能收获忠粉无数。

　　那，你肚子饿不饿，吃个苔条麻花先。

　　中秋节前那一个月，在南京路步行街上，三阳南货店门口排队两小时成了一种常态，队伍里所有人都是冲着苔菜月饼来的。

　　9月7日这天，店门口排了近百人，在步行街上拗成一个大大的"U"字，天上还飘着小雨。人们打着伞张望着苔菜月饼，都是一脸期盼的表情。

　　今年8月和9月，三阳的苔菜月饼上了两次电视节目，名声大噪。尤其是9月5日上电视后，第二天卖了近2万只，而那天距离中秋节，其实还有半个月。

　　说到苔菜月饼，没吃过的人可能深表疑惑：味道咸的还是甜的？馅料是什么？

　　答案是：既咸又甜。一只苔菜月饼的馅心里，除了有刮擦着海风味道的苔菜外，还会加入芝麻、瓜子仁、桃仁等。

　　上海做苔菜月饼比较有名的店家有三阳南货店、龙华素斋、功德林等。实际上功德林的椒盐苔条月饼也很老牌，报纸上50年前就记载过。

　　但近几年另外两位业界元老更出圈——三阳的苔菜月饼和龙华的苔条果仁月饼。

　　双方口味高下之争，在两家粉丝间辩论激烈，口水仗从大众点评网一直打到微博。

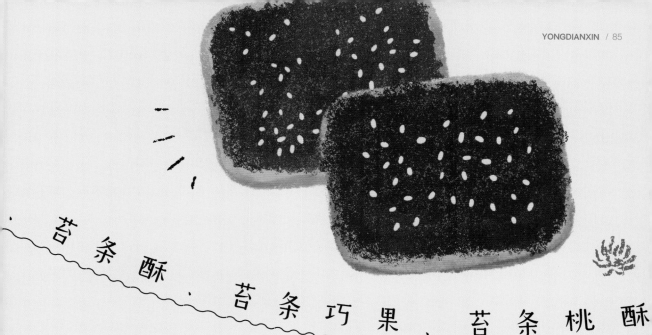

苔条酥、苔条巧果、苔条桃酥

饼皮的软硬酥度、果仁的饱满度、苔条味的浓度，甚至甜咸的平衡度，都可以拿来PK。

口味其实很难争辩出一个高下来，但历史还是可以考据一下。

据上海老报纸上的记载，龙华那边是1985年研制出苔条口味的月饼。而三阳南货店的苔菜月饼，早在1956年的报纸就有记载了。

当然，进了三阳南货店，能带走的苔条类点心远不止苔菜月饼这一种。你还能买到苔条油占子、苔条梗、苔条酥、苔条巧果、苔条桃酥……甚至可以直接买到晒干条状的散装苔条。店里工作人员说，这都是些传统点心，卖了许多年。

其实"苔菜月饼"里的苔菜，跟苔条是一个东西，只是叫法不同，这跟银耳和白木耳一个道理。

它是一种产于浅海岩石之上的藻类植物，颜色翠绿，形状像丝绵，宁波海域盛产，好的苔条晒干后呈碧绿色。在市场上，晒干的苔条根据成色不同，每斤价格约在60元到130元不等。

这种苔条买回家后，锅里加入一点点油，低温烧热，像炒茶叶一样把苔条炸得酥脆，碎碎的，就可以混搭各种食材了。苔条的最佳搭档包括但不限于花生、年糕、酒酿饼，哪怕只是过泡饭，也别有一番风味。在老宁波那里，晒干后的苔条可以当体面的土特产送人，而加入苔条的菜肴，逢年过节更是拿得出手的待客佳品。

三阳南货店里采购的苔菜，来自宁波奉化。"苔条是有一定季节性的，三月份捞上来的最好。长到四五月份，颜色就不灵了，偏黄了"，三阳总经理沈民介绍，用初春从海水里采上来的苔条磨成粉，"颜色碧绿煞青，一点都不走样"。

总之，一切苔条食物，在明面上，苔条是绿叶是辅助，但在暗处，苔条才是真正的主角。

所以苔条在上海拥有如此这般人气，其实是宁波人植入的一种饮食习惯。

宁波人对苔条的痴迷，不亚于成都人对花椒的爱。

而宁波人在上海的比例又一直很高。《上海的宁波人》一书中提到，1948年上海人口498万时，本地人只有75万，而宁波人约100万上下，数量远超本地人。

早年的南京路，百货业由广东人主导，但那种更灵活、面积更小的专营店，大都是宁波人开的。邵万生、老正兴、三阳南货店、蔡同德堂、培罗蒙西服店……多到根本罗列不完。

背井离乡搞事业的宁波商人们，等生意做得红火稳定，就有余力思乡了。高铁时代之前的漫长岁月里，从宁波到上海都是路远迢迢。老宁波人回忆起来，全是颠簸坐着船在十六铺上岸的唏嘘往事。

交通不便，更添了乡愁的浓度。当然乡愁是情愫，更是商机。像苔条这样带有浓厚地方特点的食物，就成了一种很好的实物载体。

加上晒干的苔条易于保存、便于携带，随着宁波商人的店越来越多，苔条食物也就顺理成章入驻市中心的食品店和菜馆了。

三阳是最典型的例子，这家由宁波人创立、在南京路开了151年的"太爷爷级"老店，从来都是其他食品店争相效仿的对象。

上海

沈民自己就是宁波人,身上有种老派"在沪宁波人"的气质,又能吃苦又懂营销。

29年前他刚进入三阳工作那会儿,前店后厂也全都是宁波人。他说过去在宁波,苔条虽然家家户户都吃,但都以炒菜、做年糕酒酿饼、过泡饭这类为主,精加工的苔条点心不大有。

像苔条酥、苔条鸡仔饼这些有"工艺含量"的糕点,在他21岁来上海之前,在宁波从来没吃过。

三阳南货店宁式糕点制作技艺第七代传人高建顺说:"苔条花生这些,在宁波也是传统食物,但比较精致的苔条点心,最早是三阳开发出来的。到现在很多老宁波人爱吃苔条点心,还会通过(在上海的)亲戚,在三阳买了寄回(宁波)去。"

100多年来,上海越来越多食品店制作各式苔条点心,这种带着海风气息的食物愈发在上海扎根。今天你到南京路淮海路随便找家老字号糕点店,都少不了苔条糕点坐镇,花样层出不穷。

像国际饭店有松仁苔条蟹壳黄,王家沙有苔条粢饭糕,杏花楼有苔条薄脆,三阳盛卖过苔条蛋黄酥,邵万生有苔条鸡仔饼……就连马路上各种不知名食品店里,苔条麻花、苔条饼等也随处可见。

苔条的用途在另一个领域也很有说头,就是烧菜。

在上海,有一定分量的老牌本帮菜馆里,多数能找到一两道苔条菜肴。最经典的苔条拖黄鱼,沈大成、光明邨、德兴馆、富春小笼、瑞福园、保罗酒楼……菜单上都有。

苔条花生就更广泛了,不但本帮菜馆里是标配,就连马路边的熟食店里也极为常见。

我们在一本旧书《上海名菜名点》中,发现"苔条拖黄鱼"也位列其中。这本旧书没有标明年代,封面写着"上海市饮食服务公司整理",收录着曾经极富盛名的"甬江状元楼"名菜"苔条拖黄鱼"的制作方法。

据餐饮界的资深人士推测,这本书可能是20世纪70年代末,为抢救传统烹饪印发的内部资料。书上这样描述"苔条拖黄鱼":翠绿带黄,香味浓馥,入口酥脆,佐酒最宜。"佐酒最宜",可谓点出了苔条类菜肴的灵魂。

苔条豆瓣、苔条拖黄鱼、苔菜炒河虾……不管苔条搭配哪种食材,都很适合作为下酒菜,出现在酒席上。

可能是被苔条类菜肴的这一特质所吸引,开在老城厢文庙旁的孔乙己酒家虽主打绍兴菜,但菜单里居然也有四道苔条类菜肴,分别是苔条花生、苔条豆瓣、苔条糖醋排骨和苔条小黄鱼。

宁波菜和绍兴菜同属宁绍菜,是浙菜的一个重要分支。苔条花生、苔条小黄鱼自开店起就一直在菜单上,而苔条豆瓣、苔条糖醋排骨是五六年前新加入菜单的。

最近孔乙己在昭化路新开了一家分店,又添了一道新菜:苔条糍粑。孔乙己的老板杨金宝说,不断增加苔条口味的比例,目的还是为了照顾店里上了年纪的老客人。

《上海的宁波人》一书里还提到:宁波人迁来上海,大多集中居住,南市一带(指今黄浦区南部的老城厢一带)即为其聚居的主要区域之一。

杨金宝出生于老城厢的丽水弄28号,他印象中邻居里有不少是宁波人。小时候他家斜对门27号里,就是一家子宁波人,灶披间里经常飘来苔条花生、苔条豆瓣的香气,实在好闻。

18年前,随着丽水弄老房子拆迁,老邻居们都搬走了,住进了上海不同方向的新家里。但好在当年弄堂里小囡开的孔乙己,依然在那条丽水弄不远的地方,这么多年没有动过,于是自然而然地,孔乙己成了老邻居们常年的聚会点。杨金宝描述每次老邻居聚会的热闹场面,"经常早上9点半,还没开门,从四面八方来的老邻居就已经等在门口了"。

还有一些老客人,可能独自一人来,或三两个朋友来,专门来一趟,却只吃苔条豆瓣。"一份不够再来一份,一个人连吃三份,就是专门来找这种小时候的市井味道。"杨金宝说,"就像我自己每次吃梅干菜,都会感动。因为我父亲是绍兴人,小时候一直吃父亲蒸的梅干菜,基因里还是绍兴人。"

味觉不会说谎,也不会被遗忘。小时候你以为最平常最天经地义的那些食物,总有一天,会变成你最想重温的时光。

只有万年青是万年不变的

无论城市如何更新，总有一些老味道把几代人的生活拴在一起，比如，一块小小的万年青饼干。

作者/李舒　万年青品牌/虎头局

　　1959年，是新中国成立第十年，这一年，黑龙江发现了大庆油田，西藏成功解放，全国各地的人们开始争相构思献给国庆的礼物。也是在这一年，上海乒乓球厂经过200多次试验，制造出具有世界先进水平、性能超过日本海力克斯牌的乒乓球。为纪念容国团在那年为新中国夺得第一个世界冠军，同时也是向国庆10周年献礼，周恩来总理将这乒乓球起名"红双喜"。

　　而上海泰康食品厂的工人们则打算研制一种献礼饼干，他们选用了一种植物作为饼干的图案，这种植物有一个特别美好的名字——万年青。

　　万年青有多吉祥？这一点，我们看故宫收藏就知道。

　　公元1795年10月15日，乾隆六十年九月初三日，84岁的乾隆皇帝在圆明园勤政殿中开启了密封二十二年的秘匣，宣布皇十五子永琰为皇太子。他在即位之初曾经发过誓："若蒙眷佑，得在位六十年，即当传位嗣子，不敢上同皇祖纪元六十一载之数。"传位大典定在第二年的正月初一，下了这道旨意之后，他依旧饶有兴趣地为自己布置着卧室的新年装饰，其中不可少的，便

清宫万年青盆景缂丝图

是"一桶万年青"。

万年青可谓是乾隆皇帝一生最为钟爱的植物之一，因为果红叶绿，到春节也并不凋零，他曾经在一幅缂丝万年青作品前题诗《御制题陈栝画万年青诗》曰："灵草恒青冬夏鲜，谓当有水注其边。文征画合梓材语，惟曰保民欲万年。"不仅如此，他还制作了不少"万年青"毛笔，是乾隆皇帝春节时御用之物。清宫旧藏中，还有不少万年青纹样的衣服，最为著名的就是那件红色缎绣彩云蝠金万年青皮球花纹花神衣。

而装饰在皇帝寝宫里的万年青，并不是一般的盆景。宽长的叶子是碧玉雕琢的，鲜红的果子是珊瑚刻就的，再衬以铜镀金镶宝石的灵芝，可谓金碧满目。与其他盆景不同的是，万年青盆景多采用桶式盆，取的意思也很明显：一统万年。

金瓯永固，一统万年，劳动人民当然没有封建皇帝这么多弯弯绕绕的心思，他们只是想要制作一种新的饼干，第一要务是好吃，第二要务是好看，能不能一统万年，劳动人民自己说了算。万年青饼干圆滚滚的，有一圈麦穗装花边。饼干中间的图案是一盆万年青，可以看到茁壮的叶子和更为茁壮的果实，如乒乓球垒起的一个三角形——这当然是一种夸张，真正的万年青，果实是娇小的——我甚至数过，一共八粒果实，是吉祥的数字。

刚开始发明的万年青饼干，有甜咸两个口味，咸的是葱油味，甜的是奶油味。但不知道为何，不过数年，甜味万年青便销声匿迹，得以"一统万年"的是许多人觉得奇怪的咸味万年青。

说是咸味，其实是略带着些甜的，一种混合暧昧的咸香。妈妈说，这就是葱油的味道。这种香气成为包括我在内的全部小朋友的深刻记忆。幼儿园下午茶时间，小朋友们

的白色瓷碟子里，静静躺着两块饼干，旁边一杯热牛奶，袅袅冒着热气。刚刚睡醒午觉的你，一下子就可以辨别出这是万年青，凭的就是那股葱香。葱油咸香泡着热牛奶吃，是我们的童年快乐源泉。

万年青饼干曾经在江浙沪地区刮起过小小的旋风，流传到现在，还有泰康万年青、三牛万年青和南通苏琪万年青。奇怪的是，吃来吃去，只需要一口，你就可以感受到三款的细微差别，并且可以敏锐地挑出泰康，这大概是人生若只如初见的敏感。

那时候，万年青饼干和动物饼干、酒心巧克力统称三大童年硬通货，凭借着这三样，我们可以毫不费力地得到隔壁小胖的弹珠或者张冈冈的皮筋，我和小朋友分享过动物饼干和酒心巧克力，却从来没有交换过万年青饼干，这源自一次失败的经历，用手帕包住万年青放在口袋里，拿出来却是一堆碎渣和充满油渍的手帕。长大之后，我才知道，原来，万年青和动物饼干不一样，它们是酥性饼干。

也因为如此，万年青在我心里的地位是特殊的，仿佛是只属于我自己的。它是做作业之前的一点慰藉，是考满分之后的一点奖励，泡在牛奶里几秒，小心翼翼放进嘴巴里，它变成了另一种口感，一抿就化的柔软。这世界上有一些事情是说不清楚的，如同万年青饼干，有些甜，有些咸，游历在边界，暧昧不清。

长大之后，动物饼干消失了，再也感受不到酒心巧克力的美味了。只有万年青，好像仍旧万年不变。今年，我在虎头局吃到了和泰康食品厂合作的万年青饼干，贴心地做成了缩小版，也有了独立包装，唯独味道恒久不变。真好，无论城市如何更新，无论岁月如何更迭，总有一些老味道可以把几代人的记忆拴在一起，比如，一块小小的万年青饼干。

Shanghai

甜糯糕团店，老板90岁

年糕 汤团 八宝饭 酒

在藏龙卧虎、美食底蕴深厚的老南市，这爿开了近三十年的宁波糕团店，没想到是一个90岁老爷爷退休后的"创业"成果。

作者/韩小妮 摄影/颖然 Erin

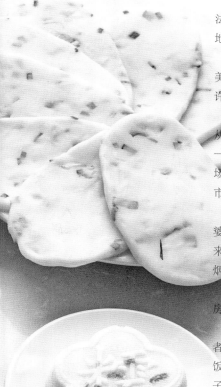

城市在不断更新，"南市区"这个说法早就是过去式了。但在老上海人的心理地图里，"老南市"一直有她的位置。

她包含了上海的老城厢，也向来是出美食的地方。乔家栅、老大房、冠生园……许多上海的老字号皆发源于此。

这些年，老南市的样貌起了大变化。从陆家浜路地铁站走出来，举目望去，是一幢幢高楼、宽阔的马路和现代化的商场，要一直走到丽园路，才有记忆里老南市的味道。

那是一小段低矮的两层楼老房子。阿婆坐在家门口孵太阳，爷叔从二楼探出头来望野眼。充满细节的生活场景和自带的烟火气，让人舍不得挪开眼。

有一爿宁波糕团店就嵌在这排老房子里。红色门头上写着店名：糯勿糯。

店如其名，所售食物全是糕团爱好者、"糯米星人"的最爱：年糕、汤团、八宝饭、酒酿、方糕、喜糕、条头糕、赤豆糕、粽子……

老客人都知道，这爿小店开了好多年了。大众点评上，它在老西门小吃快餐评价榜上位列第一。网友评价说："玻璃柜台，简单的陈列，但每一件朴素的商品，都可能是好吃到爆的宝藏。"

这是一家"爱说话"的小店。墙上、玻璃上，贴满了跟顾客的"对话"。

有新品速递："新品来了，酒酿喜糕。以前也供应过，现在作（做）了一些改进，样子变大了，味道变好一些，价钱没有变贵，请大家品尝。"

有食用指南："购买本店食品：1.优点：新鲜清爽。2.缺点：不放添加剂，保质期短，今天买去的，今明两天内要吃掉，不吃它，要发霉的。3.今天买回去，放进冷冻室（-10℃以下），可保鲜50天。特此奉告，敬请配合。"

有摘录名人的座右铭："什么是快乐？只有创造，才是快乐。没有创造，人只是漂浮在地面上的影子，想一想，世界上没有的东西，因为你的努力产生了，这是一个多么美好的事啊。——杨澜"实际出自罗曼·罗兰的小说《约翰·克里斯朵夫》。

也有分享商场感悟："请问对不对？（一）只有利益，没有交情，很容易因为利益而翻脸；只有交情，没有利益，只能两个人一起过苦日子。不管哪一种，都不是好的境迁（遇）。（二）每个人看到自己一个缺点，就等于向前进了一步。（三）糯勿糯店的生意宗旨，讲产品质量，树诚信做牌子。第一，赚钞票讲良心。第二，是这么想，也这么做。"

小店老板名叫张应昌，是一个笑眯眯、戴眼镜、看起来很"后生"的老爷叔。店里的"喃喃细语"均出自他，有些是他用毛笔手写的。敢问年龄，没想到一问吓一跳。只听他轻描淡写地回答说："虚龄90岁，瞎弄弄。"啧啧，原来不是老爷叔，已经是高龄老爷爷了。"头发伪装的呀，染过了。"老爷爷不乏小幽默。

掐指一算，这爿开了近三十年的小店，竟然是他退休后的"创业"成果。

时光拉回到20世纪90年代初，张应昌

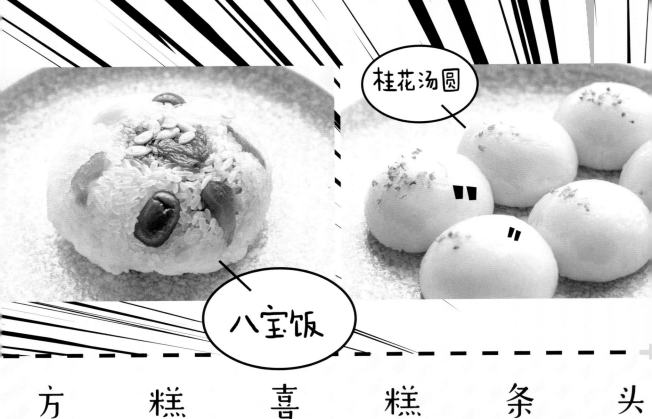

桂花汤圆

八宝饭

方　糕　喜　糕　条　头

退休前在检察院工作,所接触的领域跟食物完全不搭界。

彼时上海的市场经济刚刚放开,他退休后思想也"活络"了:"原来上班的时候都是被动工作,剩下来的时间呢,我想走走自己设想的路。"

老爷爷一口宁波味道的上海话,讲得平实又励志:"我想搞搞个体户。首要目的倒不是为了赚钞票——当然,没有钞票也是不行的——我是想体现我的人生价值。"可具体做什么好呢?"搞高科技的东西呢,我也没这个本事。"他想到了家乡宁波奉化的年糕。这年糕是全国各地都有的食物。

上海是座移民城市,五方杂处。就拿人数众多的宁波移民和苏州移民来说,都喜食年糕。

宁波年糕和苏州年糕之间的争斗,早在20世纪初就展开了。清宣统元年(1909)上海环球社印行的《图画时报》上,有则宁波年糕的广告这样写道:"宁波年糕白如雪,久浸不坏最坚洁。炒糕汤糕味各佳,吃在口中糯滴滴。"广告还直接叫板竞争对手:"苏州红白制年糕,供桌高陈贺岁朝。不及宁波年糕爽,太甜太腻太乌糟。"

宁波年糕和苏州年糕在上海的恩怨情仇,这里先按下不表。但可以想见,在上海,宁波年糕有它的名字。

不过在张应昌和其他老宁波看来,上海的宁波年糕总不及乡下的好吃。他寻思着:"食品这个行业,钞票是赚得不多,稳还是比较稳的。小青年要买房子买车子,要成家,费用多,我这些都不要咪。"

于是他跑去奉化乡下请教老师傅、到慈溪有名的年糕厂去参观学习……回到上海后,办起了年糕厂。

宁波水磨年糕,以粳米(即大米)为主要原料。张应昌记得,小时候逢年过节做年糕,家家户户都要拣最好的米。为了检验大米的进货质量,他想出了一个办法:买来的米先烧粥。"看烧出来的粥糯不糯、稠不稠,有没有粥油。烧出来的粥糯,做出来的年糕就糯。"他说。

早年,门市部开在南车站路上。他有自己的"营销技巧":在店里放个金鱼缸,把年糕切片投进水里。鱼缸里的水清澈透明,证明他的年糕"水浸不糊"。小店以年糕起家,当时店招上就写"宁波年糕"。结果总有顾客问:"你这个年糕,糯伐?"

他索性给小店起名叫"糯勿糯"。

"有些人跟我讲,叫'特别糯''顶顶糯'好了。我讲我不要。"他解释说,"那是王婆卖瓜,自卖自夸。'糯勿糯',尝尝看就晓得了。"

渐渐的,小店扩大了经营品种,把汤团、八宝饭、糕点等其他宁波人拿手的甜糯米制品囊括进来。

点评上的网友们一一评价说:

"5元一只的小八宝饭,一顿一只的大小,糯米浸透

糕　　赤　豆　糕　粽　子

蒸制出来的香味,油润度和清甜度恰到好处。"

"喜糕是真的优秀。我是买完第二天吃的,阿姨说稍微蒸一蒸就好,试了一下,超级软糯Q弹。味道也很棒,淡淡的酒酿香,微微的酸甜。"

"最能让大家脑洞大开的是葱油年糕,把它当葱油饼面胚油煎好吃,上面再打个蛋好吃,淋点番茄酱好吃,还可以再痴(上海话,平舌音,疯癫的意思)一点,配个甜辣酱更带劲。切切片,黄芽菜炒年糕好吃;再过分点,烧个海鲜汤,里面丢点年糕,爽滑间的糯劲,简直完胜面疙瘩组合。"

而在张应昌看来,要把这些食物做好,最大的秘诀无非是食材好、工艺好和新鲜。"比方讲八宝饭,我主要是在用料当中下功夫。"他说。做八宝饭用的豆沙,现在有人用芸豆,甚至用土豆来替代。

"其实土豆的细度很好,就是味道不大对。老鬼(上海话,经验丰富)的人吃得出来。"老爷爷慢悠悠地说,"芸豆呢,比赤豆便宜,但是味道跟豆沙是不一样的。我们讲传统嘛,还是要用豆沙。"

这豆沙有8块一斤,也有6块一斤。"成本怎么算,里面有学问,也有良心。"

他是这样算的:"假使买6块一斤的豆沙,买1000斤,2000块好省下来了。但是我觉得1000斤豆沙,做八宝饭好做交交关关(上海话,许许多多)。赚钞票不是省2000块这样赚法。我买8块一斤,少赚2000块,质量就好了。"

八宝饭用到的猪油也有"鄙视链"。"好的猪油是板油做的,差的是肉膘油做的。你看看差不多,差别嘛,大多数人也吃不出。"

这个时候,老爷爷做生意的哲学又上线了:"吃不吃得出来是你的水平问题,但是我做生意的人要讲良心道德,我要放好的。板油要厚的好,我特地到乡下去买。"

刚开始,糯勿糯的生意他计划做上个五年十年。"结果头几年都是亏本的。"他说。

"到后头赚到点钞票,尝到甜头了,到70岁想放掉又舍不得——辛辛苦苦搞起来的嘛。"

就这样,老爷爷一不小心做到了90岁,做出了一个有二十多个人的小微企业。在冬天的销售旺季,平均产量一天有2吨。大富贵、苏浙汇、第一食品商店、三阳南货店、长春食品商店这些名店都来拿货。

有好多年里,张应昌都是每天乘公交车,往返于家和工厂之间。"我老年人嘛,老早有老年卡,乘车不要钞票。两头跑跑,活动活动。"

想象一下自己家的爷爷,你以为他每天出门买小菜、逛公园去了,没想到不声不响成了一个高龄创业家。还有比这更励志的故事吗?

桂花是杭州糕点的灵魂啊！

忘掉舌尖上的记忆，我们就像美食荒漠里长出来的孤儿。那些有意思的昔日味道，会"因为难得而美丽"的内心连接而存在，悄悄动人。路过菜市场老奶奶的糕点摊子，我还是会挑桂花多一点的那块条头糕。

作者/神婆　图片/视觉中国　插画/黄依婕

十大名花里，就桂花特殊，最不起眼，来时却笼得整个江南一袭"秋香"，人人鼻尖多了一粟金，甜到舌尖，成了一束光。齐白石画它，还得凑个玉兔或蟠桃，潘天寿画它，要写好长的跋。这样的人少，而世界上多的是我这种俗人，心想那是吃力又孤独的事。这些人何苦呢，桂花糕嘴里一塞，落胃又轻松。

扪心说，桂花香真的好普通啊，这种心情，就像男人事后狠狠吐一口烟，自嘲糊涂，那不就是两坨肉吗。说桂花香得特别，可现在那些大牌香水多的是复杂深邃的"异香"，纯粹的味道要

是没了"白开水味""天空味"这些概念词语，就只有单薄和俗气能定义。其余的，都是香水瓶底那密密麻麻的配方之一，微不足道，商业社会里都是一滴比白水多一点味道的东西，人们何苦纠结是什么。"桂花香"，甚至比起看不懂名字的什么花，都更显得易得又廉价。

看见桂花，我不再兴奋了。可是，没了桂花，我会失落。这很奇怪。

就像看见今年满屏"桂花迟来杭州"的消息那样，我看见小时候农贸市场摊子上那用塑料薄膜包着的条头糕，还是会忍不住想，想要

人 总 爱 忘 记 ， 但 又 会 随 口 水 从 心 里 泛 起 。

那条桂花多一点的。因为以前外婆老是说，桂花对小孩眼睛好。清朝王士雄的《随息居饮食谱》有说："桂花辛温。辟臭，醒胃，化痰。蒸露浸酒，盐渍糖收，造点作馅，味皆香美悦口。亦可蒸茶油泽发。"吃桂花的千年，都在里面了，香得我舍不得撒手。

昔日那些重要的味道，人总爱忘记，但又会随口水从心里泛起。

杭州的秋老虎里有一段浪漫又忧心的时间叫"桂花蒸"，也叫"木樨蒸"。这段时间正好桂花开放，家里像黄梅天一样返潮，外面却是躁郁的热。《清嘉录》里记载："俗呼岩桂为木樨，有早晚二种，在秋分节开者曰早桂，寒露节者曰晚桂。将花之时，必有数日炎热如海暑，谓之木樨蒸。"

一旦听这个名字，心里的褶皱就平了。

每一个"桂花蒸"清晨带露的时候，也正好是杭州做糖桂花的农人眼睛最亮的时候，他们用竹竿打花，必须半闭的，趁着太阳出来前打下，否则香气尽散。为了固香凝色，从古代沿袭至今的办法，就是用"梅卤"："腌青梅卤汁至妙，凡糖制各果，入汁少许，则果不坏而色鲜不退。"其实就是四五月煮烂的青梅，用盐腌渍到桂花开了。如果对桂花味爱得深沉，也可以试试天香汤："白木樨盛

开时，清晨带露用杖打下花。以布被盛之，拣去蒂、萼，顿在净器内，新盆捣烂如泥，榨干甚，收起。每一斤，加甘草一两，盐梅十个，捣为饼，入瓮坛封固，用沸汤点服。"

林洪在《山家清供》里说把桂花在甑中略蒸一下，然后晒干即可当香用："采花略蒸、曝干作香者，吟边酒里，以古鼎燃之，尤有清意。"试想这留香的过程，在这水汽如仙的天里发生，确实就是一场闻桂花香、沐桂花浴的享受。

在重要考试的清晨，杭州小孩子似乎是要去灵隐寺上头香的，然后吃个"定胜糕""定"个心，再压一块"状元糕"稳一稳。但其实，从前大家是吃"桂花糕"来讨彩头的。桂花糕在南宋林洪的《山家清供》中有记载，称"广寒糕"："采桂英去青蒂，洒以甘草水，和米春粉炊作糕。大比岁士友咸作饼子相馈，取广寒高甲之识。"

我妈喜欢给我买各种桂花糕吃。第一次带我去"天香楼"时候——这家1927年就开始做杭帮菜的老字号，初名武津天香楼——我还一脸懵懂，没有嘴角略歪的所谓食评人气焰。第一次吃到桂花年糕的时候，那软糯白身在我嘴里伸展着，那种弹性原本只能出现在柔术运动员身上。我一边忍着手指与嘴间的滚烫"体温"，一边拉长那运动员"白胖手臂"，它几乎抖动了起来。

　　桂花年糕是有生命的,那糖桂花的魂魄,让桂花年糕长了翅膀,直接飞进我小小的心里,一直化在里面,至今难忘。我要不是读幼儿园,说不定当时就能发现唐代诗人宋之问的诗:"桂子月中落,天香云外飘。"那"天香"二字,刚好就能描述这种心境。后来台湾有一家"天香楼",可能是桂花糖不易得,酒酿圆子已经从桂花香变成橘香。而杭州这家,如今已经物是人非。可我每次路过,还是会激动一下。

　　传统江南腌渍桂花糖的步骤其实有点像江南农家腌咸菜,只不过,那"盐"更高级,用的是梅卤。桂花与梅卤共揉混合,遮盖一层棕榈叶和一层竹篾片,其上压重石,密封一两个月发酵。然后将桂花捞出来,洗去梅卤冲洗干净,沥干水分后将桂花倒进白糖里,用杵臼捣成黄褐色糖酱,不见桂花,只闻得见香气。晒干后封存在石灰缸子里。

　　渍花成饴的古人,怎么会不爱桂花糕?

　　古代考究的用"桂花糖",变迁到了现代,化繁为简。杭州糕团点心用得最多的香料就是简单腌渍后的"干桂花"。小时候的农贸市场糕团摊贩也最爱向开了六十三年的杭州糕点老店江南春进货,不少杭州人拿这个糯叽叽的有童年记忆的糕团当早餐。它家的理念与清代袁枚《随园食单》脂油糕的做法如出一辙:"用纯糯粉拌脂油,放盘中蒸熟,加冰糖捶碎,入粉中,蒸好用刀切开。"只是各有各的配料。条头糕、三色糕、乌米糕,还有限量的重阳糕,现在仍然是经久不衰的爆款。而蜜糕和薄荷糕这种古早味,还是会让不少老人割舍不掉。杭州老字号"知味观"的条头糕包馅是细豆沙,"江南春"则是豆沙加芝麻,不过外层都有桂花点缀。另外,开了少说二十年的御九轩,桂花发糕桂花酒香的湿香,与桂花糕的坚果桂花的干香,是不少人减肥路上的温柔双煞。

　　忘掉舌尖上的记忆,我们就像美食荒漠里长出来的孤儿。那些有意思的昔日味道,会"因为难得而美丽"的内心连接而存在,悄悄动人。

　　路过菜市场老奶奶的糕点摊子,我还是会挑桂花多一点的那块条头糕。

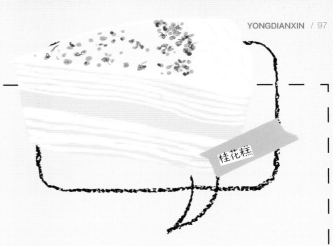

桂花糕

/名称/ 薄荷糕
/品牌/ 御九轩·江南糕点

老人家偏爱这款，小小一块，这上面的桂花在冬天时呼应九曲红梅里的桂花香。薄荷是特别能解甜腻的东西，况且遇上江南烫口的茶，有时候就需要一口这样的茶糕疏解。

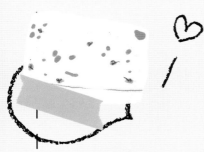

/名称/ 条头糕
/品牌/ 江南春
/配料表/ 米粉、白糖、豆沙

条头糕甜度蛮淡的，里面是红豆沙，还有芝麻、糯米做的馅。小时候还有一版本是纯豆沙的，这个也很好吃。

三色糕

/名称/ 三色糕
/品牌/ 江南春
/配料表/ 米粉、白糖、豆沙、红曲粉、桂花

这三色糕是我小时候最喜欢吃的糯糕，中间的这部分，米粉里面其实加了红豆沙，还有一点点芝麻提香；下边部分是红曲做的一个糕体，上边白色这部分，有一点点桂花调在里面。

/名称/ 蜜糕
/品牌/ 江南春
/配料表/ 米粉、白糖、果料（或玫瑰酱）

这款蜜糕里有红绿丝和南瓜籽，还有桂花，甜度比较低，经典讨喜。而且制法像袁枚老爷子喜欢的百果糕："杭州北关外卖者最佳。以粉糯，多松仁、胡桃，而不放橙丁为妙。其甜处非蜜非糖，可暂可久。家中不能得其法。"

/名称/ 宁波发糕
/品牌/ 御九轩·江南糕点

这个叫宁波发糕，甜度很低，是用酒酿发酵的，暄软好吃。

/名称/ 重阳栗糕
/品牌/ 江南春
/配料表/ 米粉、白糖、栗子桂花红绿丝

重阳栗糕是限定版本，老板说11月做完后面就不做了。糖渍的本地栗子是亮点，甜。糕体里有红绿丝、桂花，里面的糕体没有甜味，非常适合老年人和企图假装减肥的我。其实这道糕点和《随园食单》里的栗糕："煮栗极烂，以纯糯粉加糖为糕蒸之，上加瓜仁、松子。此重阳小食也。"已经相去甚远！

/名称/ 桂花糕
/品牌/ 御九轩·江南糕点
/配料表/ 米粉、白砂糖、饮用水、红糖、桂花、芝麻、花生、麦芽糖

馅料里面有红糖、花生、白芝麻，还有桂花。吃起来外面有点像云片糕或芡实糕的感觉，还很有嚼劲，中间香软，回味的香气一直从鼻子出去。接近明代高濂《遵生八笺》里面记载的"丹桂花"：采花，洒以甘草水，和米春粉作糕。清香满颊。

/名称/ 乌饭糕
/品牌/ 江南春
/配料表/ 糯米、白砂糖、糖桂花、乌叶汁

乌米糕里有红绿丝、桂花。乌米饭其实就是《山家清供》里的清精饭，黑色是南烛叶染成，古代僧人修行时候吃的，也是夏至的时令饭，目前因为保存技术得当，可以全年吃到。

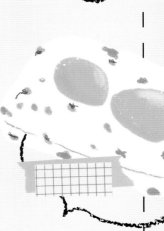

「乡村米其林」级别的点心店

环太湖平原的城市，富庶了几百年，自古讲究吃喝。"天堂"苏州的精致苏帮菜，民族工业发达的无锡有了贯通南北的大菜，常州的早晨一碗银丝面，低调而富庶……而在这一片"花花世界"中，还有一颗不可忽视的明星：江阴。

作者/刀刀　摄影/庄镜澄

　　江阴人有钱！一座县级市，大大小小50多家上市企业，"男人的衣柜"海澜集团在这里，在新桥镇的总部如同城堡一般；中国第一村华西村在这里，十几年前就跑步进入了共产主义。2020年，江阴市的人均GDP是3.62万美元，比韩国富，比意大利富。

　　江阴人也爱吃。在长江还没禁捕的那些年，偌大一个上海市，据说几乎没多少家餐厅能拿到真正的长江刀鱼。为什么？刀鱼们早上刚刚游到江阴段被渔民捕获，下午就已经到了江阴老板的餐桌上，根本没机会坐大巴去上海。

　　我对江阴的记忆，靠着大大小小的不少餐厅连接。

　　早上去青果路的方桥点心铺吃一客小笼和馄饨，或者去沿街店铺吃刚出炉的拖炉饼；中午到君山脚下坚坚小吃点一煲招牌鸡汤、炒腰花和剥皮鱼；晚上到装修大气的名豪大啖清蒸刀鱼和红烧河豚；夜里再去连螺丝钉都是从德

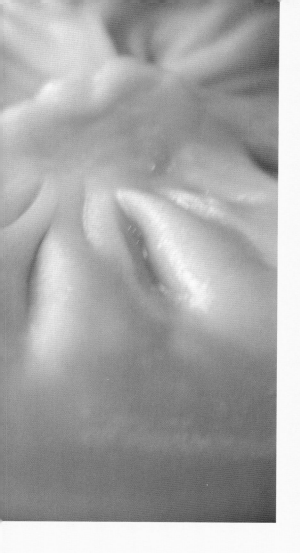

国进口的啤酒屋HB喝两杯啤酒……

　　而在江阴，有一家点心店，更是让我念念不忘，每年总是三番五次驱车数小时前往。

　　这家点心店不便宜，人均动辄超过100元，但本地食客仍然络绎不绝。身边的美食家朋友，上海的、苏州的、南京的，甚至北京的、广州的，只要去江阴，也一定会去拜访。

　　这家餐厅叫陶兴宝，老店藏在芙蓉路一片住宅区之间，无论从出品水准，还是干净程度，抑或是地方特色，都是一流的标准，在我看来，这是一家模范的"乡村米其林"点心店！

　　陶兴宝并不是一家百年老店。这家店的老板，本名就叫陶兴宝，土生土长的江阴人。出生于厨师世家，18岁就出来闯荡餐饮江湖，几经浮沉之后，他回归初心，从自己最擅长的白案入手，于2010年在自家车库开了一家点心店。

　　尽管车库环境简陋，点心店却靠着手艺越做越大，到了后来甚至排队如潮，人们只能即点即走，于是陶兴宝挑中了店附近一个濒临倒闭的按摩店加以改造，并直接命名为"陶兴宝点心店"，这家餐厅的历史，刚刚超过10年。

　　为什么我们要选这样一家开在县城的点心店作为江南地区的代表点心店？而不是苏州、无锡、常州的百年老店，或者在上海开了几百家的连锁企业呢？

　　因为陶兴宝的综合实力强。

　　江南的早餐点心，大致可以分为5类：面类、馄饨类、汤包类、饼类和糕团类。这时候我们会发现，市面上口碑好的点心店，大多只能专精一项，有些特别优秀的店，有可能会擅长两到三项。如苏州汤面、无锡小笼、常州银丝面、上海生煎，可陶兴宝的招牌菜包含蟹粉小笼、刀鱼馄饨、河豚馄饨、蟛蜞馄饨、碎肉拌面、拖炉饼、百果团子、荠菜团子，等等，几乎样样都强，这种点心店凤毛麟角。

　　如何一眼看出一家小吃店的水平如何？诀窍之一就是看店里干不干净。我不是说"苍蝇馆子"不能出好味，但干净整洁的小店大概率靠谱，因为这说明运营团队对细节的重视。

　　而当你走进陶兴宝的第一刻，看到餐厅厨房明档玻璃内的窗明几净，包小笼、下馄饨、做凉菜的厨师有条不紊，你就知道这家店有多用心。别的不说，我去这家店不下五六次，几乎次次碰到陶老板。

　　一家好点心店的诞生，也跟它所处的环境有关——江阴本地势力强，历史悠久，许多饮食传统被保留下来；江阴人富庶，所以吃得起动辄人均上百的点心店；江阴的特产时鲜野菜，会随着季节变化推陈出新；江阴人嘴挑，所以能留下来的都是好店……

　　一个特别的江阴，诞生了一个特别的陶兴宝，将老江南味道那种浓醇鲜甜和精致富足，保留了下来，让我们得以用舌尖去回味。

鸡汤银丝面

鸡汤银丝面是来陶兴宝的标配,金牌拖炉饼可以不吃,银丝面不能不点。如果不满足,加一个虾仁浇头,有点奢华了。

拖炉饼

拖炉饼是江阴及周边常熟、张家港等地的特色糕饼。一口咬下,外面"呱啦松脆",里面是油润的荠菜馅,甜口的,却又不觉得腻。

香猪蟹黄汤包

江阴的猪好,肥三瘦七的馅料带上一点肉皮冻上笼蒸熟,皮薄肉紧油大,先吸汤汁,一咬一嘴油,一口满足。这是江阴口味的真髓——猪油下手又准又狠,味道却相对平和,最终呈现一种油润的厚度,醇、腴、香、美。

蟛蜞馄饨

陶兴宝的馄饨都是时令性的,最有名的是蟛蜞、河豚和刀鱼。蟛蜞,学名相手蟹。生长于江滩芦苇荡里,看上去就是小一点的螃蟹。一口咬下,带着淡淡的蟛蜞香,一点腥和持久的鲜。

油球

油　球　还　是　许　多

南京人号称"大萝卜"，有一层意思是说南京人不够精明，也不够聪明。起先没准儿是外地人的嘲讽，后来南京人也就带几分自嘲地照单收下。南京人之欠二"明"，有种种表现，也见于吃上，即以寻常可见的糕饼、点心而论，就举不出几样当真是南京土生土长的。蜜三刀、萨其马都是北边的，京果之为京货，从名字上就可知道，云片糕到处有，也非南京特产。有一样叫作"金刚脐"的，我在别处没吃到过，以为是南京人的发明创造了，一加追究，却是扬州人的专利。只有一物，看来别处没有，我说的是油球——20世纪五六十年代出生的人关于吃的记忆中，油球的地位，举足轻重。

油球的做法一点不讲究，我说不讲究，盖因与桃酥、蛋糕等相比，做油球不用模具，形状不规则，随意性更大，说是"球"，其实也就是大概其的一团，还没麻团来得圆。

既为油炸食品，工艺又不比油条、麻团复杂，原是现吃味道更佳的，也不知为何，从来没见过现做现卖的，烧饼油条店不做，都是糖果冷食厂生产，在路边小店或是副食品商店里卖。其归类也因此不是早点，而属于饼干糕点。多少与此有关，缺吃少穿的孩提时代，油球在我们心目中，远比烧饼油条来得高级。倘以"吃饱""吃好"二分说事儿，则当饭吃的馒头、烧饼属"吃饱"的范畴，油球却几乎跻于"吃好"的境界了。

我印象中，油球在不当饭吃的食物当中是最便宜的。一两粮票四分钱一个，比桃酥、面包，甚至比金刚脐还便宜。那时充早点的烧饼有两种，一曰大烧饼，一曰酥烧饼，大烧饼二两粮票五分钱一个，与馒头同价；酥烧饼二两粮票七分钱买两个，合三分五一个，与油球相较，也真是只在毫厘之间。如果单买一个，四舍五入，就是四分钱，与油球平起平坐，但是如果自由选择，几乎可以肯定，小孩都会弃酥烧饼而取油球。一者烧饼是咸的，油球是甜的，凡甜甜就搭着零嘴的边，有解馋之功；二者油球有馅，尽管只是敷衍了事的一点点，也还是弥足珍贵。

从经济学的角度考虑，这样的取舍也有充分的理由：糖比盐贵。有一阵食糖供应特紧张，据说做油球不用白糖了，改放糖精，吃起来甜里面就带出一丝苦来。至于那一点象征性的馅，因为少到实在是点缀的性质，再加随手揉搓，不易居中，吃时很难"露馅"，时常咬上几口还没见着影子。刚上小学时，有一同学难得身上有几文零花钱，买了个油球，其期待可知，谁知半个已经吃下肚，还没见到馅，以为店家以次充好，捧着剩下的半个，权当物证吧，由我们在场的人相帮着返回小店去论理。店主是个老太，说都吃成这样，谁知是不是吃掉了赖我？我们都证明，真的没吃到。老太看不像是小无赖，便让再往

油球在我们心目中,远比烧饼油条来得高级。倘以"吃饱""吃好"二分说事儿,则当饭吃的馒头、烧饼属"吃饱"的范畴,油球却几乎跻于"吃好"的境界了。

作者/余斌 图片/视觉中国

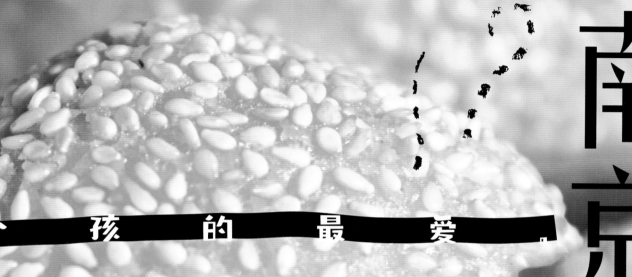

南京

孩 的 最 爱

下吃,或掰开来看,掰开来看时,可不是有那么一点豆沙寄居在角落里? 众人自知理亏,当即偃旗息鼓。

饶是如此,油球还是许多小孩的最爱。倒不是我们对蛋糕、蜜三刀之类不生向往之情,实因那些太贵了,只能偶尔一吃,多半还是家里大人买,以我们兜里的"私房钱"而论,差不多唯有油球,尚在可望而又可及的范围之内。

我说"解馋",事实上油球也当饱的,我想不出其他哪样便宜食物同时兼具这双重功能。所以下乡劳动或到外地参观,也有人带上几个油球当午饭,这几乎等于把点心当饭吃,于是引来旁人的羡慕。某次大概就是这样的情形下,我见识了一回吃上面的打赌:有个家境不太好的同学,午饭带的是自己家蒸的大馒头,看人吃油球,咽着口水道,油球,一口气十个他也吃得下去。就有人表示不信,其中有个家里有钱的,兜里常有一角以上的大票子,声称若吃得下十个,他出钱,算白吃。若吃不下去,怎么罚我忘了。

原本就是一说,架不住我们在旁边起哄,过几天某日放学后我们五六个人当真聚在一起要看二人放手一搏。现场设在校门口一小店边上,我和另一同学为这场豪赌还各支援了二两粮票,盖出钱的人虽备足了四角钱的巨款,粮票却弄不到那么多,只偷到了半斤。一两粮票的缺口我们议决等吃下九个后再说,出钱者又提议两个

买,以防糜费钱财。

当吃到第五个时,设赌的已经觉得不妙,因吃的人神情自若,吃得津津有味,没半点饱了撑了的意思。第六个吃完,众人都觉得胜负已分,没什么刺激,有点意兴阑珊。倒是边看边咽唾沫,油球此时变得越发诱人起来,勾起了饿与馋。有人就提议,剩下的钱买油球差不多还够在场的人每人分一个,与其这样消耗,不如请大家算了,他并且愿意把身上刚才秘而不宣的一两粮票贡献出来。

这当儿出钱的人一言不发,脸色越来越难看,大概越来越真切地意识到他要破产了。忽然大声说:他肯定中午没吃饭,这不算数! 那一个听了停下口,涨红了脸道:吃了,而且是两大碗。这是没人能证明属实也没人能证伪的,于是吵做一团,我们显然站在"吃"的一方。这时出钱的干了件很塌台的事:他忽然气鼓鼓地一言不发,瞪着对方,而后很突兀地拎起书包,拔腿便跑。

事后想来,他也许是无法面对"破产"的事实,要知道即使富有如他家,四角钱的一次性消费(而且是二三年级小学生的消费),也绝对不是小数;也许他的钱和粮票一样,部分是从大人那儿偷来的,尽管他曾炫耀他妈妈有次给过他一元钱。无论如何,他的落荒而逃都可以理解为一次小型的精神崩溃。

我们愣了一会儿,回过神来,发声喊,追踪而去。

你可以永远信赖一个烧饼

作者/安意如　图片//视觉中国

十余年前有一次应邀前往丽水采风，出发前，主办方号召大家探讨丽水的文化，譬如龙泉窑、龙泉剑、青田石雕和风雨廊桥等，尔时鸿儒满座，引经据典，只有我默默地问了一句："那是不是出缙云烧饼的地方？"

我这白丁式的问话显见得不太契合当时洋溢的文艺气息，主办方噎了一下，很给面子地说："安老师，您还知道缙云烧饼啊！缙云是我们浙江丽水下面的一个县，号称黄帝仙都，缙云烧饼据说是黄帝炼丹时利用丹炉的余温烤出来的。"

我默默地"嗯"了一声，心想安徽黄山的烧饼也说是黄帝炼丹时烤出来的。看来黄帝炼丹的副产品之一就是烧饼，连烤法都差不多。跟淮南王刘安炼丹点出了豆腐一样，属于无心插柳柳成荫，修仙有成顺手造福后人。我弟当时在旁边，很有情商地解释道："老师，我姐表面是个作家，实际是个吃货，她的中国地理是靠食物来定位的。"

主办方呵呵干笑："了解了解，那我们缙云的烧饼一定会让安老师满意。"就这样，我怀揣着对缙云烧饼香喷喷的爱去了丽水。当年在丽水吃了什么菜我忘了，唯独缙云烧饼叫我念念不忘，迄今记得我专心致志啃烧饼时同行人惊讶不解的目光，对此我欣然接受，并不予悔改。那次行程中，我但凡遇到不想参加饭局都会选择躲在酒店愉快地啃烧饼——由此获得了特别好招待的名声。

一路上，我跟随采风大队确实学到了很多，回来还恶补了一下古窑的知识，认真写了篇文章。不过私心里，我最念念不忘的还是缙云烧饼。

这种念念不忘到了我但凡看到"缙云"二字，必先联想到"烧饼"的诡异程度，就连有一年去重庆缙云山，我都没忍住问有没有烧饼，成功收获了一堆白眼，我想得亏我是个作家，他们要留着我写东西，才没把我从车里扔出去。

更早一点的记忆是在童年，任何滋味经过童年的窖藏总会格外深邃，值得回味。小时候不爱规规矩矩吃早餐，喜欢在上学路上让爸爸停车帮我买一个梅干菜烧饼，烧饼炉散发出的香气总让我这个在江南的清晨里昏昏欲睡的人骤然清醒，涌起期待和幸福感。

喜欢在炉子边等，刚出炉的烧饼带着令人心醉的面香，微微烫，一口咬下去，梅干菜和五花肉鲜香在唇齿间回旋跳跃，完美融合，久久不散。连烤烧饼的人看上去也分外慈眉善目。

这种童年记忆直接导致了我对这种生胚烤制的烧饼根深蒂固的爱，新鲜的面饼，无论是烙还是烤都很香。那种香是食物本身的魅力，粗粝又迷人，简单又丰富，包

我始终觉得，在对待食物的层面，中国人是有神性的，秉承着信手拈来，从不刻意，无须强调的匠心。后来我确认，我所挚爱的那种烧饼有着独一无二金光闪闪的四个大字——缙云烧饼。

容万象，任意搭配各种汤、茶或咖啡，像一个不抢风头、落落大方、随时随地可以信赖的人。

在我老家宣城与烧饼的故事里，有这样一则记载：绍兴二年（1132）宣州（治今安徽宣城）叛军准备在二十五日那天里应外合起事，暗号就是"一个二五，里外一般"。——虽然不知这个起事因何而起，最终坚持了几天，但我莫名对这个暗号记得清楚，并由此发现古人喜欢用烧饼月饼等各种饼来夹信传信的奇怪癖好。

宣城除了长年流行跟缙云烧饼做法类似、形状火候有些差异的黄山屯溪烧饼，还流行隔壁江苏泰兴的黄桥烧饼，俗称蟹壳黄，也是很香酥的，汪曾祺老先生就很喜欢吃，喜欢拿它就茶干配茶。

可我嫌蟹壳黄吃起来掉渣，显得原本就吃相不好的我吃相更不好，后来街面上还出现了土家掉渣烧饼和四川锅盔，都曾风靡一时。可无论潮流如何变迁，也无论后来定居的北京烧饼种类如何丰富，如何源远流长，如何香酥可口，我始终挚爱梅干菜烧饼，因为不但好吃，而且吃完不用拍渣子。

后来我确认，我所挚爱的那种烧饼有着独一无二金光闪闪的四个大字——缙云烧饼。

可谓众里寻她千百度，蓦然回首那饼却在丽水云深处。

猪肉和梅干菜生来绝配，而面饼是最好的冰人，再加上炉火的炙烤和芝麻的调剂让它们彼此深入了解，金风玉露一相逢，便成就舌尖无数。世界上美好食材的交汇，是不分阶级、无分贵贱的，和美好的爱情一样让人击掌赞叹，动容唏嘘，意犹未尽。

我始终觉得，在对待食物的层面，中国人是有神性的，秉承着信手拈来，从不刻意，无须强调的匠心。

比起满族的经典小吃萨其马，烧饼的源流显然更早一些，种类更多，也更遍地开花。以起源来说，黄帝算一个，陈胜吴广算一个，班超算一个，大约是后人根据各地风味和人文传说的不同推演出来的。续汉书中记载"灵帝好胡饼，京师皆食胡饼"。这个

记载让我对昏庸的灵帝有了一点点好感，既然史书都记载了，那么烧饼的发扬光大应该有这位兄台的一份功劳！

到了唐代，胡饼在民间更为盛行，经典版的胡饼神似新疆的馕，饼面扁圆，上撒芝麻，口感微咸，内无馅，耐久藏。据白居易的实名推荐，大历年间，长安城内最有名的胡饼铺当属"辅兴坊"，"胡麻饼样学京都，面脆油香新出炉。寄与饥馋杨大使，尝看得似辅兴无"。根据白居易寄饼这个举动，我可以判断辅兴坊最有名的应该是这种无馅胡饼。

有一个白居易这样的好朋友真不错，见多识广，品位不俗，关键是他在自己吃到好吃的东西时，会不忘给你也递一份，虽然烧饼这东西放凉了、放久了肯定不那么美味。

除了白居易点赞的经典款，长安城内富豪的席上还风靡过巨型胡饼，名曰"古楼子"，是以普通胡饼为坯，内塞一斤生羊肉，分层烤制，撒胡椒等香料，外缀酥酪（奶皮），待羊肉烤制半熟，肉汁开始释出时切而食之口感最妙，做法约等于新疆馕包肉或是比萨。

到了宋代，热爱美食的人们将古楼子的尺寸改小，增加了猪肉臊子作为馅料，制成更适合走街串巷售卖的馅饼，还娴熟地掌握了动物脂肪和面饼混合的妙处，制作出了甜味的薄脆和髓饼。宋代的饼和现代的甜品一样，品类丰富，名目繁多，令人眼花缭乱："凡以面为食具者，皆谓之饼。""火烧而食者呼为烧饼，水瀹而食者呼为汤饼，笼蒸而食者呼为蒸饼。"

明代，刘伯温写过一篇神奇的预言书《烧饼歌》，据说这是他在朱元璋啃烧饼时的奏对，不知道是不是附会，反正咱也看不懂。咱知道的是，烧饼大多数情况下不登大雅之堂，属于物美价廉的食物，然而也是王公贵族落难时续命的选择。传说中，唐僖宗落难时就吃到了宫女先烙后烤的烧饼，简直感激涕零，与之类似的传说有很多，总有绝处逢生的妙处，让人觉得手心里捧的不是食物，而是生活的一点希望。

如果生活让你疲惫、失望、无所适从，你不妨从一只烧饼开始，重新爱上它。

说起点心，脑海中便会出现那一幕，提着点心的人的长相

Dongbei

点心点心油汪汪

　　大姐在微信群里说，王三子家的小四辈当镇长了。哦，我努力地回想，记忆像一面磨砂的镜子，早有了很多划痕，模糊不清，变成了几条波浪中掀涌的倒影。记忆中，王三子家的海棠树下是栓着一只羊的，羊的下颌大约有一把胡子。小四辈和我读过一个小学，很矮的样子，那时乡下的孩子都很矮，很多人营养不良，长出很鼓的肚子。每当见到小四辈，我

便陡然升出很多自豪感，心里说，没有我爸你早死了，你家还给我家送过点心呢！

　　春天？夏天？总之一个阳光明媚的早晨，我父亲走过大队部的院子，有孩子跑过来告诉他，小四辈掉厕所里了。父亲跑过去，粪坑里果然看见了孩子的头发。父亲将那孩子捞上来，走去路东的壕沟，将其清洗干净送回家。于是，王三子就上门了，他提着一包槽子

早已模糊，只记得捆扎点心的麻绳细细的，黄色的包装纸散发油香，反射着阳光，鲜亮，美味，岁月悠长。苦熬的日子，甜太重要了。

作者/刘庆　图片/视觉中国

糕，糕点外面一层黄色的包装纸，油汪汪地闪着亮光。

　　当年的乡下，油汪汪的包装纸是一种很了不起的美味道具，有油意味着好吃。那时候上学填的表格有一项，阶级成分，偏巧，我同桌家里的成分是富农，我家是贫农，他便矮我一头，很巴结我。具体的表现是将他家里的粘豆包拿到学校来给我，他说，这是油锅底哎！那时候，东北的乡下每家灶下都是一口大铁锅，烧水做饭都用这一口锅，粘豆包是粘米的皮，里面是加了糖精的红豆馅，炸熟

的红小豆捣成面糊，包在粘米的面皮里，有的人家包成一团，蒸成窝头的样子，便失去了贵气。好看的要烙成馅饼样，即使成了馅饼样，仍然叫粘豆包，这多少有些没道理，但确不记得有别的什么叫法。烙豆包自然要用油，油倒进大铁锅里，不管主妇如何涂抹，豆油仍会汪去锅底，无论怎样摆布，必有一个豆包会在铁锅的正中心，那个便叫作油锅底，油汪汪的，一看便香得不得了。可是同桌成分是富农，我是红小兵，我们的语文课本里有许多阶级敌人

是 着 点 心 的 人 的 长 相 早 已 模 糊

腐蚀贫下中农的故事，一个地主偷生产队的辣椒，被红小兵刘文学发现了。刘文学便因为保护集体财产而被地主掐死在辣椒地里。还有一篇文章，大约叫作《这个苹果不能吃》，说小刚的爸妈不在家，家里来了个人，提着一兜苹果。小刚告诫弟弟，这个"来历不明"的苹果不能吃。同样，担心被富农家的豆包腐蚀，我拒绝了同桌的"油锅底"。那个"油锅底"油汪汪的，一定好吃极了。

今天，"槽子糕"早正了名，比以前松软许多，颜色奶黄，叫了蛋糕，成了餐桌上的寻常食品。失去了作为礼品的价值，也就失去了成为"点心"的名分。过去，豆包要烙好之后，放到冰天雪地里去冻，吃的时间是春节前后，那时候家里会"来戚"，也就是亲友登门的时候，取来蒸热，热气腾腾，倘若焦黄不糊，即是上品，要先夹去客人的碗里。现在豆包在乡下也不常见了，想一想，东北的乡下真是没有什么稀罕的食品能配上"点心"两个字。当年的乡下，想成为"点心"必拥有几个要素，首先应是礼品，既为礼品，便是不常吃到的东西。第二要"油汪汪"，没有油水的年头，这个最重要了，有油就是好东西。第三，必是老人和孩子的"零嘴"，俗称"好嚼货"。还有一个要素很重要，对于汉族而言，朝鲜族的打糕和满族的豆面卷都可勉强称为"点心"，原因是不常吃到，而且为该民族独有，吃个"新鲜"。

追溯历史，东北能称得上"点心"的食品如此之少，归其原因，还是因为这里的食品菜系本就粗放。东北自

清初满人入关，成了封禁之地。随着清势渐微，山东河北的农民才流移出关，关是山海关，早年东北将山东人称为关里人，朝鲜人也多是入境的流民。菜系构成主要是山东的鲁菜、朝鲜族的辣菜、蒙古族和满族的火锅，至于满汉全席，那不属于民间。凡一个地方的菜系食典，一是和当地的物产有关，二是生活习惯和历史形成。苍茫的黑土地，莽莽林海，人烟稀少，物产虽丰，却曾少人开发，吃食自然粗放厌精。厌精说可能不准确，精不起来倒是事实，直至今日，走在东北城镇的街头，门牌上挂着"铁锅炖""一锅出"的饭店招牌便是明证。

在我贫瘠的童年里，记得还吃过一种点心，叫"缸炉"，也叫炉果，是一种很硬的面点，麻团般大小，很硬，外皮酥酥的，吃时要用手捧着，最后用舌头将手心里的渣渣舔干净。现在回忆起来，炉果硬如干泥，除了因为制作方法导致，有没有延长品尝时间的考虑呢？点心终归是富裕人家的点缀和心情，必要讲究，上档次，象征着品质生活。寻常人家，20世纪60年代出生的人，对于点心的记忆一定油汪汪的。而我，说起点心，脑海中便会出现那一幕，提着点心的人的长相早已模糊，只记得捆扎点心的麻绳细细的，黄色的包装纸散发油香，反射着阳光，鲜亮，美味，岁月悠长。那包点心长了眼睛似的，正向我们家的大门口漂移而来，邻居家的栅栏上，嫉妒的鲜花灼然怒放，园子里架上的黄瓜绿莹莹的，正在滴落艳羡的露水。

岭南的满月，一定是莲蓉色的

莲蓉，广式月饼的王者，无可匹敌的招牌款——是哪位天才如此大胆，把士大夫心里的花中君子做成了点心馅？日后成为广式月饼代表的，又为什么是莲蓉，而不是别的？这个漫长的故事，莲蓉用了一百年讲给我们听。

作者/冀翔　图片/视觉中国

　　至今，中国人仍然无法确切得知，发明莲蓉馅的天才，究竟是哪一位——有人说，这是广州莲香楼一位糕饼师傅，不小心把莲子糖水煮糊了，于是按照无数中华小吃传说的统一套路，发现煮烂的莲子味道不错，于是，莲蓉馅诞生。

　　这显然不靠谱，且不说老师傅煮个糖水何至于说糊就糊，煮烂糊锅的莲子，味道也不会给人太好的联想。所以，广州莲香楼的官方网站上，也只说是老师傅受到莲子糖水的启发，可在他们的介绍中，这位师傅一时叫陈维清，一时又叫陈清俭，姓甚皆知，名谁不晓。

　　但愿我们有朝一日考证出他的姓名，因为第一个用莲蓉作馅的人，堪比第一个吃螃蟹的勇士，不但天才，而且胆大——莲子作蓉为馅，本就不比枣栗豆沙、干鲜果品易得，成本必然不小，不是旧时寻常百姓轻易能吃上的。

　　首先，普通的莲蓉馅，虽然主料只是莲子，但几乎所有广东饼家的选材，永远都只有一种——湘莲。湘莲指的是湖南湘潭的莲子，这种即便晒干后再加工，依然熟烂细腻、软糯香甜的特产，被誉为"中国第一莲子"，主要品种叫作"寸三莲"，因为每取三个，头尾相接必有

莲蓉是广东人的乡愁，随口水从心里泛起

一寸长。广东人买的，都是去掉苦芯，经过干制的开边湘莲，买回来先漉再洗，冲去红色的种皮，回锅煲至熟烂。磨成蓉后，大锅中加油炒糖色，再将磨好的莲蓉徐徐倒入同炒，便是红莲蓉馅，稀稠度以抓起一把，馅堆不塌回原状为准。

莲蓉馅的最早用途，是在酥饼上。旧时广州婚礼，流行馈赠亲友"龙凤礼饼"，大致便是莲蓉酥、太师酥、红绫酥、白绫酥一类，要什么档次，买什么牌子，一概由婚嫁两家商量。于是，当时莲香楼便对两家的媒人下了功夫，让他们在与两家商议礼饼时，就要莲香楼的——莲子本有"连子"的好意头，媒人又有提成可拿，莲香楼也做了广告，皆大欢喜。

然而，真正让莲蓉在广式点心界地位超然的，是月饼。1935年，广东新会"永记饼店"女掌柜汤源庆首创蛋黄莲蓉馅后，它成了广式月饼最具代表性的馅料。

蛋黄的选材，像莲蓉一样讲究。20世纪80年代，香港荣华集团一位姓谢的副总经理，曾对《华侨日报》记者说，咸蛋最好用国产，否则像越南咸蛋黄，用在饼里就会有腥味，上品应该是"排蛋"，出自湖北武汉和广东阳江，就是在海边食鱼虾长大的鸭子，在水边生下的蛋，这种蛋黄才更鲜。

然而，即便选材如此讲究，省港澳人民不论贫富，对莲蓉的感情十分统一——已经不单单是热爱了。

莲蓉月饼近五十年的荣光，一大部分在香港。1963

年，香港元朗荣华酒楼发明白莲蓉月饼，1998年，美心首创的双黄白莲蓉月饼又后来居上，一度成了香港月饼的顶流。在饼家不断的内卷下，香港人对莲蓉月饼的热情一如既往。

20世纪50年代到80年代，香港流行一种"月饼会"，沿袭广州旧习，专供阮囊羞涩的升斗小民——其实就是每月向饼家分期付款，为期一年，到中秋时能收到一盒双黄莲蓉之类，当时的奇华、荣华之类饼家都搞这个，颇受欢迎。只是大饼家还好，若是入了无信用的小饼家，对方卷包一跑，钱饼两空，就只好对月骂娘了。1987年中秋节前两周，两名"悍匪"冲入新界一家超市，抢走两箱价值两千港币的三黄莲蓉月饼，经理连跑带喊，竟没能追回。

那时，大概只有一种人不爱吃蛋黄莲蓉：当你翻开一张20世纪70年代的香港报纸，看到标题某人吃了"五黄莲蓉"，并不是大胃王比赛，而是一支足球队输了个五比零，五颗"蛋黄"是自家球门吃的。

每一年中秋前夕的香港报纸上，月饼和原材料价格的近况，都是比劫案庭审版面还大的新闻，而蛋黄莲蓉一般写在副标题——今年湖南莲子价格如何？阳江咸蛋又是什么成色？在离乱纷争、隔山隔海的几十年里，这成了许多异乡客一生北望的远方。

任何壁垒也不能越过莲蓉月饼，阻断中国人彼此牵动的每一根神经。当港人看到月饼价格不动，长舒一口气之际，正有数千上万盒月饼，自省港搭上离乡之船，送往北美南洋，为无数双听惯了粤曲南音的耳朵，送来故乡的消息。

那年地球之外的满月，是白莲蓉的明净，还是红莲蓉的酡颜，都令人爱。此时，每一块莲蓉月饼，都尽了它与生俱来的至高天职——带来一种跨越血缘的团圆。

馅的心

作者\金晶 摄影\李佳鸾

南方人爱探究馅磨得多细多香,北方人则以馅大为荣。说到底,馅映照着的,其实是人心底在意的那二三事。

馅，是中国点心的灵魂所在。馅的味道，很大程度上决定了中国点心的风味。也只有中国点心，才以馅为荣。

"馅"字的写法，已经说明了它的诞生过程：须得以刀具在臼中细细研磨食材，再把它包裹在米面中。这个过程代表着一种蜕变，不管其本身是什么质地，都必定要被捶打、揉捏与重组，扩容其数倍密度与湿度，磨去其原有的表象特征，统一成一种朴素、绵软而又无处不在的模样。同时这个过程又象征着一种本性的加固，因为任何食材，当其成为"馅"的时候，所有底层的风味都会被激发和扩大、被品评和探讨，乃至主宰它所驻留的这枚点心的灵魂。

馅是隐藏，也是线索，追求的就是大同之下的那点小异，是那一道点心的底细，也彰显出那一位点心制作者的底细。南方人爱探究馅磨得多细多香，北方人则以馅大为荣。常见的馅无乎那几样家常食材，甜要甜得明媚，咸要咸得爽利，还有一些又甜又咸的暧昧味道，似乎在模拟那说不清道不明的旧时记忆。说到底，馅映照着的，其实是人心底在意的那二三事。

「芋泥」

经常单独被包进酥皮类的点心中，此时口感往往较为干爽，这些点心同样经常被视作宴席中的点睛之笔。

芋泥诞生自福建地区，用芋头蒸熟去皮碾碎制成，同时带有蔬菜的清香和粮食的扎实口感。在碾压芋头的同时，需拌上猪油、白糖、芝麻等其他调味料，再重新在旺火热锅上拌匀。芋泥本身其实足以自成一体，当它与红枣、山楂、莲子和冬瓜等混合，常常被作为宴席尾声的一道主要点心，以湿润甜美见长。但与此同时，芋泥也经常单独被包进酥皮类的点心中，此时口感往往较为干爽，这些点心

「猪油」

作为大部分中国点心的灵魂，猪油的存在让人又爱又恨。

作为大部分中国点心的灵魂，猪油的存在让人又爱又恨。一方面，它不符合今天低胆固醇低脂肪的饮食习惯，但另一方面，它又明明色如白玉纯洁无瑕，不论放到哪里都具有化腐朽为神奇的力量。猪油对中国点心的重要程度堪比黄油之于西洋点心，无论是起酥的外皮还是滋味丰富的馅心，都无法脱离它的存在，尤其是甜味馅心，一旦加入猪油，就仿佛穷丫头摇身变为大小姐，多了无穷体面。而猪油本身的品质也至关重要，一般只有猪肉里层和内脏外层的"板油"才堪称上好猪油，才符合点心的制作标准。

虽然取自咸蛋的一部分，但当它成为点心馅时，咸蛋黄本身的性格便发生了巨大的改变。因为经常被用来与绵软香甜的馅心所搭配（比如豆沙、莲蓉或芋泥），咸蛋黄在脱离咸蛋后，咸味会被减低。在制作时，蛋黄也常经历蒸熟、碾碎和重组的流程，原先备受推崇的一些特质（比如鲜、油、沙）都被忽略，唯剩下自身特有的香气和细密口感，与甜味馅心搭配时，形成一种富足而明艳的传统口味。崇尚口彩的两广地区人民因此最喜爱蛋黄馅，每当逢年过节时，全国人民都会记得它。

「油葱酥」

油葱酥最早诞生于福建地区，是当地做菜饭不可或缺的调味料。

油葱酥最早诞生于福建地区，是当地做菜饭不可或缺的调味料。但因为其搭配咸甜都非常适宜，所以后来也越来越多地被用于点心制作中。制作时需要先将洋葱切成丁或片，再放入滚油中炸至金黄色，最后开大火把葱的水分逼干，并将油滤尽。这种做法不仅保留了葱本身的浓郁香味，也去除了其中的油腻感，使后续可搭配的食材范围十分广泛。在品尝时，油葱酥略带脆甜的口感能赋予绵软的点心一种奇妙的冲撞感，形成有趣的对比。

比起猪油在南方点心中被推崇的程度，牛奶在北方点心中地位超然。因为复杂的人口构成，北方地区有很多人并不习惯食用猪肉及相应制品，而牛奶因为最初同样不易获取，含有油分且色泽晶莹剔透，便发挥出珍贵的作用。在北方，地位最高的点心必被冠以"宫廷"名头，而宫廷点心中很多都有牛奶的加入，由牛奶精炼而成的酥酪更是出现在各类文学作品中。有趣的是，当牛奶与其他甜味馅心混合后，也形成了一种与西式点心异曲同工的口感，这也从另一层面反映出中国多元的历史构成。

黑洋酥的说法多见于江南点心,北方常常将之概括为"芝麻馅儿"。制法虽然大同小异,但江南地区的人们显然(自认为)更有发言权。这道馅心的精髓在于黑芝麻加大量白糖,细细揉搓进猪油中,但黑芝麻磨多细、筛几遍、猪油是随便熬的还是仔细去除网状薄膜以后的板油,都大有讲究。在加工完成后,黑洋酥往往被制成球状包裹在糯米粉点心中,比如汤圆。在点心被加热后,这团馅心也随之融化,以浓郁的香甜和绸缎般的色泽先声夺人。

「黑洋酥」

黑洋酥的说法多见于江南点心,北方常将之概括为「芝麻馅儿」。

芋泥蛋黄饼

甄选超过30天腌制的咸鸭蛋
萌虎造型下,有满满芋泥和蛋黄香
一口咬下,芋泥的微甜和蛋黄的微咸就在舌尖舞蹈

贵妃福字鲜花饼

拥有片片云南玫瑰鲜花瓣外皮绵软
鲜甜恰到好处
彩云之南的芬芳,让人不禁神往

芋泥桂花酥

香芋与桂花的真香组合,绵软清甜直抵心间
两种芳香完美搭配,互不抢风头
完美诠释了什么叫酥、软、香、甜

状元海苔五仁酥

甄选优质的新疆核桃、美国杏仁、伊朗开心果
等优质坚果,海苔的鲜味是画龙点睛
每一口都是香酥满齿与大满足

聪颖芝士牛舌饼

谁能想到牛舌饼里可以加芝士,结合传统与新式所长
在地道北京风味中融入奶烤芝士粒
芝香四溢,啖啖入魂

贵子枣泥酥

现摘金丝枣去核,小火慢熬成泥
馥郁的枣香在酥皮的掩映下半遮半露
犹抱琵琶的样子更是甜酥惹人怜爱

猜猜我的心

黄金芝麻饼

酥酥饼皮,咸香可口
由外及内口感渐次由酥至软,层次分明
芝麻的香气浓郁扑鼻,让人食指大动

榛子栗蓉拿铁糕

大粒榛子,榛香爆棚,伴有醇醇拿铁风味
柔软糕体,入口甜润即化
冬日暖阳的味道,都裹在馅儿里

椰蓉桃花酥

粉嫩桃花造型嵌入泰国进口椰丝
双重酥香在舌尖奏起了二重唱
花香四溢,椰甜不腻

禧气豆沙饼

黑龙江小赤豆与鲜摘玫瑰组成完美搭档
口感沙绵伴有花香,甜而不腻
谁说豆沙饼老套? 吃了就知道新着呢!

福寿山楂饽饽

采用新鲜山楂熬制,糅合进口安佳奶油
口感酸酸甜甜有奶香,一口甜胃
不爱甜食的人,也抵不住它的诱惑

厚禄绿豆糕

浓郁绿豆和抹茶风味,这是专属于抹茶控的小彩蛋
抹茶的清甜和绿豆的绵软就像夏日清风
为你拂去满身的黏腻,只留下清爽

馅料界越发内卷起来了! 从最传统的豆沙枣泥,一步步发展到今天, 老祖宗绝对想不到,原来可以有这么多种搭配组合,麻薯和红豆,海 苔和果仁,只有咬开,才能真相大白!

点心品牌/虎头局

摄影\李佳鸳